比系統傢具更厲害的

系統化裝修

省時、設計感、機能，通通一次到位！

漂亮家居編輯部　著

Content

目錄

Chapter

01

不可不知的重點
全新系統化裝修
緒論：

比起傳統木作裝潢更省時的系統化裝修，逐漸在市場成為一種設計趨勢。系統化裝修可分為「系統板材木工化」、「木工系統化」兩種。將綜合討論兩者，第一章以「全新系統化裝修不可不知的重點」切入，Part1 先介紹「系統化裝修的趨勢」，帶出現今裝修愈來愈注重工期長短、環保健康，以及木工人才短缺現象「系統板材木工化」將以「Part2 系統板材木工化的優點」概論系統板材的特色，「木工系統化」則以「Part3 木工系統化的優點」介紹系統化木工的特色。無論裝修選擇前者或後者，系統化裝修只要掌握好方向、用對方式，也能讓居家空間充滿設計感。

系統化裝修的趨勢

預算、施工期短、健康環保，是多數人居家裝潢時最在意的，系統裝修因具有實用機能、施工快速等特性，愈來愈多人選擇以系統裝修取代傳統木工裝修，使得市場上出現系統化裝修趨勢。本章節將綜述此趨勢，並打破讀者對於系統裝修的想像，設計師們如何藉由系統裝修，打造出獨具特色的空間？又是如何發揮巧思，設計出兼具美感、機能的舒適質感好宅？

　　現代人裝修，非常注重 CP 值，錢有沒有花在刀口上，以及隨著國人健康意識抬頭，也非常注重裝修使用的材料是否含有甲醛，甚至須考量施工期間是否符合法規或社區管理委員會規章，不得長時間擾鄰，否則將面臨被檢舉的窘境。在這樣的情況下，不少廠商、設計公司嗅到市場趨勢，將裝修過程中裁切、加工等程序，提前在工廠製作完成，省去在裝修現場裁切、塗裝等工序，達到省時、省力的效果，對於消費者來說，也能節省工班師傅在現場施作的費用，因此，系統化裝修的方式，逐漸在市場中受到歡迎。

系統化裝修可分為兩種

　　現今的系統裝修，可分為「系統板材木工化」、「木工系統化」兩種，將先介紹「系統板材木工化」，顛覆多數人對系統板材的傳統印象。系統板材並非只能被做成方正、呆板的系統櫃，伸保木業

總經理洪克忠表示，系統板材隨著製程加工技術進步，面材種類花紋愈趨多樣，被廣泛作為表面飾材，再加上板材防潮性能、裁切技術等也連帶提升，能做出特殊造型或量身訂製的物件，像是造型天花板、修飾梁柱、更衣室衣櫃等。珞石設計設計師羅意淳也說，板材結合鐵件、玻璃、鋁框等異材質，或善用上掀或下掀式撐桿等特殊五金，製作出不同掀式門片，讓機能設計更為靈活、貼近使用者需求。

而「木工系統化」，也是受到法令規章影響，工班團隊能施工的時間大大被限縮，加上工班團隊出現人口老化、人才短缺現象。艾馬設計執行總監黃仲立表示，由於時常出現找不到工班，使得調動人力成本跟著提高，因此業界發展出木工設計系統化，將裝修的部分過程，事先在工廠完成裁切板材等程序，甚至可以在工廠完成組裝，再將物件帶至工地定位。以下將介紹兩種系統化裝修方式，無論裝修選擇前者或後者，系統化裝修只要掌握好方向、用對方式，也能讓居家空間充滿設計感。

圖片提供＿柴沐制作

由仿木質紋系統板材打造的電視櫃。

圖片提供＿璞木傢居

櫃體、沙發框架為木工系統化製程的物件。

Part 02

系統板材木工化的優點

提及系統板材多數人都會停留在系統傢具、制式櫃體的印象，但隨技術不斷的演進之下，其性能大幅提升，比起木工裝修不但省時省工，板材的甲醛含量低且防蟲蛀，同時還兼具防潮、耐磨、耐刮、耐燃、耐酸鹼等特性，清潔保養也更容易，更重要的是，表面樣式愈趨多樣化、擬真度也愈高，取材用料也朝環保、永續方向發展。

優點一：製程環保防蟲蛀，低甲醛健康又安心

隨著居住安全意識抬頭，愈來愈多人裝修也講求健康、環保，由於系統板材在製作過程中，主要是將木料打碎成顆粒，混入塑料、膠合等添加物，再經過高溫熱壓製成的塑合板，木材的利用率高達100％，兼顧永續環保的特性，因此受到民眾的青睞。樂沐制作空間設計主任設計師陳聖元談到，正因系統板材的製作過程中已將木料打碎再熱壓，程序上已殺死許多蟲體，所以板材本身不存有蟲害，在防蟲蛀效果上非常顯著，這也是許多民眾愈來愈喜歡使用系統板材的原因。

系統板材為防範毒物產生，板材的使用不僅甲醛含量低且都有符合相關規範。伸保木業總經理洪克忠也說，目前台灣大多進口經歐盟標章認定甲醛含量較低的 E1 級或趨近於零的 E0 級歐洲板材，或是符合國家 CNS 標準的 F1、F2 等級的健康綠建材為主，目前的

技術更可以做到防蟑效果的板材。陳聖元補充，歐洲板材多為取自環保林場原生木，在林場砍下多少顆樹，就會栽種多少，且栽種的樹木大約生長 3 ～ 5 年就可砍伐，林場不會有匱乏的危機，為生態永續發展的林業。

優點二：加工技術進步，花紋多樣、性能升級

一片完整的系統板材，底為一片塑合板，表層再黏上一層美耐皿或美耐板。隨著加工印刷技術進步，使得這層美耐皿或美耐板樣式不再只有單色，仿各式材質的技術，也擬真到肉眼快無法辨視出來。珞石設計設計師羅意淳表示，拜印刷技術所賜，系統板材有多種花紋可選擇，包含：木質紋、仿石紋（如：大理石、水磨石、白網石）、仿清水模、亞麻紋、布紋、皮革紋（如：小羊皮、小牛皮、荔枝皮）……等。

除此之外，表面也做到亮面與霧面的區分，甚至有具觸感的立體紋，有業者特別在觸碰質感上加以著墨，在製作立體紋時，在熱壓美耐板或美耐皿的步驟，也同步以鋼板精準地壓製紋路，精準技術使花紋曲線一致，能摸到凹凸有致的觸感。

另外在表層美耐皿或美耐板的研發技術上也愈趨精進，使得系統板材的性能連帶提升，不只耐燃、耐酸鹼、耐磨、耐刮，還兼具

圖片提供＿工一設計

櫃體門板裝飾選用仿石紋系統板材，讓消費者能以較低的預算，即達到媲美真石材的質感與紋理效果。

11

易清潔保養的特性，封邊技術愈趨細緻，板材的防潮係數品質也更佳。

優點三：施作省時省工又乾淨，規格化品質一致性高

在施工方面，國人愈來愈注重居住品質，各住宅管理委員會規範日趨嚴謹，平日施作的時間也有一定規範，有的管委會甚至逢週末、例假日不能施工，使得工期延長，支付工班師傅的費用也連帶提高。相較之下，系統板材預先製作的作法，裁切、封邊皆已先在工廠完成，到了現場只需組裝，省去裁切、塗裝等程序，有效省時且省工。此外，工一設計主持設計師王正行提到，施工現場空氣不會粉塵瀰漫，地板也較不會有木料屑、殘膠等髒汙，鄰里居民更不會長時間受器械噪音影響。

系統板材另一項優點便是每塊板材皆為規格品，王正行表示，屋主參考的打樣板，與實際產品的顏色、花紋，較無太大落差，對設計師而言，較有保障且無爭議，更利於後續交屋驗收。另外，陳

圖片提供_原晨室內設計

大面櫃體的門片若破損，可以再更換同款的系統板材，讓櫃體樣式一致。

聖元也提及，日後系統板材須汰舊更換，替換時可以更換同樣規格的板材，既不會產生色差問題，品質也相對穩定、一致。

優點四：運用愈廣泛，設計朝向整體性裝修

現今的設計講究一致性，過去由系統板材製成的櫃體、層架多為單一或獨立形式，愈來愈多設計者以整體性設計的手法運用系統板材，從單一的系統櫃逐漸擴展至電視牆、床頭板、梳妝檯、臥榻、中島、門板、格柵，甚至作為天花板、隔間牆、壁面裝飾等，這些機能原本都散落在不同空間，在整體性設計的牽引下，有效收攏各式機能，也讓空間整體調性更為一致。

原晨室內設計設計師楊崇毅表示，系統板材能逐漸朝整體性裝修發展，關鍵原因在於系統板材的密接技術（即兩片系統板材接合方式）愈做愈好，過去接合技術需要預留縫細，但現今可直接貼合，使得範圍變得廣泛。他舉例，系統板材已可用來製作暗門，選用同色系面材，使得牆面、櫃體整合為一，空間端景設計更為一致。

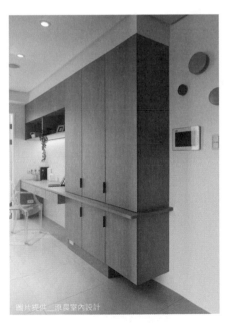

圖片提供＿原晨室內設計

設計者製作一體成形大面櫃體，同時連結收納、書桌機能。

Part 03

木工系統化的優點

　　裝修項目中，木作向來是花費較高且佔比較高的工程，但隨著工班團隊出現人口老化、人才短缺現象，以及各縣市依據《噪音管制法》制定噪音管制區內禁止行為及管制區域與時間，使得能施工的期間縮短，同時又須在主管機關發送施工許可證後，限期依照核定圖說施工完竣。種種因素之下，為了能如期完成裝修，有業者將木工製程系統化。木工系統化除了能因應產業面臨的難處，也帶來許多優點，對於裝修業主來說，能省下工班師傅工資，也能提高施工品質、成功率，進而刺激設計師發揮更多創意。

優點一：自動化程序，施工快速、也省力

　　木工系統化相較於傳統木工須大量人力作業，木工系統化為工班於工廠採機械、自動化程序製作。艾馬設計執行總監黃仲立表示，在工廠運用機械裁切板材，時間從人工 3 ～ 5 分鐘縮短至 1 分鐘；在塗佈強力膠階段，也改為機械噴槍，師傅以刮刀傳統方式塗 1 面膠體，約需要 5 ～ 7 分鐘，機械化後只需要約 2 分鐘完成；在壓合過程，自動壓合機製

圖片提供＿艾馬設計

木工師傅在工廠以機械輔助，能快速、省力地裁切板材。

作過程也僅需約 30 秒即可完成，比師傅以鐵鎚人工敲擠壓合 1 面板材 15 ～ 20 分鐘快很多，也相對較省力；封邊的程序也有自動封邊機，過程約 3 分鐘就能完成，比過去人工封邊 15 分鐘，速度快了 5 倍之多。

　　對於設計公司、廠商來說，木工系統化裝修，不僅可以節省時間、提高產品的品質，還能提高整體效率。黃仲立補充，對裝修屋主來說，木工系統化裝修並非完全等於省錢，因為裝修費用須視板材等級、造型難易等而定，但是以提前在工廠完成部分程序來看，裝修屋主確實能省去不少「以天計算」工資的工班人力成本。

優點二：自動化品質提高，提升設計師創意思考

　　木工系統化裝修在工廠使用大型機具裁切、塗膠、壓合、修邊、封邊等製程。黃仲立說，機械自動化的特性，能提高板材裁切尺寸精準性，只要在電腦輸入長、寬尺寸，即可減少人工測量裁切的誤差值；也能透過機械噴槍，讓膠體均勻散佈在板材上，以避免傳統塗膠方式分布不均，可能產生脫膠、脫皮情況，影響板材成品美觀，或是出現中空的狀況；自動壓合機也能讓板材完整受力，擠出空氣、避免產生氣泡，提升板材的黏合度；在工場使用自動修邊機，能讓師傅可以不用花費太多時間翻動板材、調整角度；自動封邊機則僅需要師傅轉動板材，就可以將邊條貼得平整。

　　而自動化的過程，大大降低人為誤差，減少修改次數，甚至能減低製程中的失敗率。黃仲立補充，這樣的優點，也能讓設計師了解，現今的技術能做到更細緻、品質更好、成功率高的成品，因而願意再發揮巧思，挑戰更具創意的設計概念，讓設計造型愈精進。

圖片提供＿原木工坊

木工師傅以精準裁切的木料，組裝出造型天花板。

優點三：縮短工地現場器械噪音、減少粉塵瀰漫

　　隨著國人居家生活品質意識提升，噪音干擾也成為眾矢之的。因此各縣市府依據《噪音管制法》公告噪音管制區內在特定的時間內，不得使用動力機械從事裝修工程，以妨礙他人居家生活安寧，且若經主管機關稽查，發現確實有違反他人生活安寧狀況，業主不但會被依法告發、限期改善，還可能會被處以行政罰鍰，大傷荷包。而過去也有許多案例為了如期完工，在規定時間內裝修，鄰居不堪其擾，向主管機關檢舉，甚至向媒體申訴，躍上新聞版面。

　　因此，為了降低擾鄰狀況，廠商有情門表示，在系統化的製程中，工班師傅在工廠使用機器輔助，能預先在工廠完成裁切、膠合、

修邊、封邊等程序，安裝工程人員在工地現場只需要組裝物件或是定位，不但省力、省時，更可以縮短安裝人員使用機械裁切的時間，也意味著，能減少噪音擾鄰的狀況，維護周邊住家的生活品質，同時也能減少工地現場瀰漫粉塵，維護現場空氣品質、工地整潔。

圖片提供＿艾馬設計

在工地現場，工班只要組裝或定位物件，大大縮短使用器械時發出的噪音、減少粉塵瀰漫於空氣中。

Chapter

02

系統化裝修的方式

系統化裝修的方式可分為「系統板材木工化」、「木工系統化」，Part1 先介紹設計百變、用途多的系統板材、Part2 則介紹更省時、更精緻的木工系統化。兩種方式皆會依序說明「使用狀況」，在什麼情形下，可以選擇系統化裝修，以及裝修時又應注意什麼事項；「種類介紹」將簡介不同裝修方式運用材料的種類；最後，為「進化升級」，點出兩種系統化裝修各自隨著技術精進，而有不同面向的進步。

Part 01　設計百變、用途多的系統板材
Part 02　更省時、更精緻的木工系統化

設計百變、用途多的系統板材

隨著研發技術的日新月異與精進成熟，模組化生產的系統板材，在花色紋路及造型設計上也更能呈現出設計感與特色，不再只是刻板印象中，將系統化裝修與做滿單調規矩、方方正正的系統櫃畫上等號，透過多變的設計手法，運用板材本身的獨特花紋，再搭配功能多元的五金配件，最後結合燈光及軟裝，以系統板材打造的居家空間，就能兼具設計美感與實用性。

使用狀況

Tip❶ 適用的裝修情形

01 預算有限

因為系統板材可以作為裝飾面材，比起傳統木工方式，能省去木作、油漆等費用，所以不少預算有限的屋主，選擇以系統板材裝修。樂沐制作空間設計主任設計師陳聖元舉例，以櫃子來說，造型不要過於複雜，減少非必要性的裝飾，也不要挑選特殊色或壓紋特別深這類價格較貴的板材，把設計重點放在基本需求上，以收納和展示為主，就能在有限預算內兼顧功能與質感。

圖片提供＿樂沐制作

預算有限時應減少複雜的造型及使用特殊色，以使用需求為主。

02　大樓管委會限制工時

隨居住品質意識提升，各住宅管理委員會對於裝修施工的
規範也更加嚴謹，有的管委會逢週末、例假日皆不能施
工，平日的施作時間也有一定規範，一旦工期延長，費用
也連帶提高。陳聖元表示，系統板材可先在工廠加工、組
裝，再進入裝潢現場，以一個房間衣櫃來估算，木工通常
需要費時 4 ～ 5 天，使用系統板材大約 1 天即可完成，施
工時間僅有木作的 1 ／ 4，比較不用擔心超時施工的狀況
發生，觸犯到人樓管委會的規定。

1. 材料進(出)入本大廈須於進(出)場 3 天以前將本申請書提交(傳真)至服務中心並主動與
　服務中心確認。
2. 材料進出時間：
　2-1. 住戶進住後：週一至週五上午 09:30 至 11:30；下午 14：00 至 16：30。
3. 進(出)場日如通固定例假日順延一天(如有變動時，依服務中心最新規定辦理)。
4. 車輛進(出)入本大廈裝卸物料時，除應依本大廈相關規定辦理外並應停放至裝卸區裝卸
　材料。
5. 所有物料不得佔用或堆置於公共區域、通道；砂石等散狀物料，一律裝袋後始得搬運。
6. 停車場入口限高為 2.1 公尺，超過高度車輛嚴禁進入。

材料名稱	數量	備註

圖片提供＿樂沐制作

各大樓管委會對住家裝修都有明確規範，施工前需要事先填寫申
請單，務必遵守可運送材料時間、車輛高度限制、運送材料明細
等規定。

（左）系統板材可打造大面櫃體，臨窗臥榻也可增加抽屜，滿足多元收納需求。（右）以系統板材製作的書櫃，層板可以增加金屬支撐材，以加強結構力，減少彎曲變形。

03 收納需求多

收納需求是每個居家空間不可缺少的一環，應以整體空間、使用目的、未來變動做設計規劃，並非做愈多櫃子就等於收納空間充足。系統板材因能搭配許多五金配件，增添櫃體設計靈活性，以一個深度較深的櫃子為例，能選配不同五金，可為層板為主的收納櫃，也可以是含有抽屜、網籃的衣櫃，也能依照不同時期收納需求調整，賦予櫃子更多元的實用性。

Tip❷ 裝修時應注意

01 留意板材承重力

系統板材有分不同厚度，可依照設計選擇適合的板材厚度，以常見的書櫃層板為例，當板材承重力不足時，使用時間久了會因書籍或物品重量，導致下垂彎曲甚至斷裂，因此在設計之初應將書櫃跨距、深度及板材厚度、

結構一併考量，以避免變形。陳聖元建議，一般書櫃跨距極限大約在 60 ～ 70cm，板材厚度如果選擇 18mm 或 25mm，再加上金屬支撐材加強結構，就能解決承重力不足的問題；再從櫃子深度來比較，同樣是寬度 70cm、25mm 厚的板材加鋁料，深度 60cm 的結構力強度也會比 30cm 來得高。

02 避免潮濕空間

以塑合板為主的系統板材雖然有許多優點，也比傳統木料來得防潮，但原晨室內設計設計師楊崇毅提醒，由於板材質地仍為木料，應避免使用在相對潮濕的環境，如浴室、洗手檯或陽台等。若想運用在浴室的話，陳聖元表示，能選用發泡板的系統板材替代，同時也須留意，搭配板材的五金材質，建議選擇不會生鏽的不鏽鋼材質，較為合適。

圖片提供＿樂沐制作

如果要在潮濕空間使用系統板材，建議選擇發泡板取代塑合板較為適合。

03 標章檢驗證明

系統板材甲醛含量低，且多符合相關規範。目前台灣大多進口經歐盟標章認定甲醛含量較低的 E1 級或趨近於零的 E0 級歐洲板材，或是符合國家 CNS 標準的 F1、F2 等級的健康綠建材，不過由於各國的規範標準不同，建議可請廠商出示台灣 SGS 的板材檢驗證明，購買時會更安心。

挑選系統板材時，可請廠商出示板材 SGS 試驗報告證明，留意檢驗結果。

Tip❸ 施工處理

01 板材封邊細緻度

系統板材的表層為美耐皿或美耐板，不只耐燃、耐酸鹼、耐磨、耐刮，還兼具易清潔保養的特性，板材四周採用的

圖片提供＿樂沐制作

封邊除了要留意是否平整不刮手，還可依細緻度分為厚邊與薄邊。

封邊技術，更讓板材本身的防潮性能更佳。「封邊」對系統板材而言非常重要，如果處理不仔細，將會造成封邊不完整，水氣就會從裁切面滲入。此外，封邊的細緻度也可以從視覺與觸覺上的質感判別，陳聖元解釋，觸覺上可用手觸摸是否平整，視覺上可視設計選擇厚封邊或薄封邊，通常櫃體正面會採厚封邊導圓角，美觀又不刮手，看不到的櫃體背面，則可採薄封邊。

02 鑽孔需一步到位

系統板材的塑合板是將木材打碎後壓製而成，對於鑽孔鎖螺絲雖然有一定程度的承受力，但第一次鑽孔的力道和深度還是必須注意。珞石設計設計師羅意淳表示，鑽孔最好一次到位，不要在同一處重複鑽孔。因為第一次鑽孔時，已破壞板材纖維，第二次再於同一處鑽孔，螺絲可能會空轉，使得螺絲與板材的密合度變得較低。陳聖元也補充，在系統板材的檢驗裡，其中有螺絲釘保持力的項目，這個檢驗結果數值也可以作為參考依據。

圖片提供＿樂沐制作

系統板材第一次鑽孔的力道和深度必須注意，最好一次到位不要重複鑽孔。

03　五金挑選

系統板材能搭配的五金有各式各樣功能，一般也以進口居多，因此，有時讓預算費用飆高的，不是板材本身，而是挑選的五金種類。陳聖元表示，選擇五金時，可先以實用性為首要考量，許多酷炫的五金功能不一定適用，反而還會增加費用。再者，要注意五金的接合、材質及順暢度，例如在室內的櫃子五金以鍍鉻為主，浴室或室外，以不易生鏽的不鏽鋼、白鐵為主，使用起來才會順手長久。

挑選五金時可先以實用性優先，並依照空間屬性選擇適合的材質。

Tip❹ 估價方式

系統板材常以「尺」為計價單位，也會使用公分和「才」計費，視每家品牌及設計會有所不同，一般來說，以體積計算的設計，會以尺計價，如：櫃子、化妝桌；以面積計算的設計，會以才數計價，如：門板、牆板。但伸保木業總經理洪克忠提醒，運用系統板材進行裝修，估價時不能只計算板材的費用，還得要列入設計、施工、五金配件的費用，如果選擇的設計造型複雜、五金配件功能較多，除了基本需求之外，還想要營造更多美感與氛圍，那麼疊加起來的總金額也有可能比木作更高，因此這些影響因素都要一併考量，才能估算出符合心目中預算的製作費用。

01　以花色區分

系統板材的花紋樣式種類繁多，各家品牌也有自己的特色紋理，價格都會隨著這些因素有所不同，以下就以同樣厚度為 25mm 的板材，大致分類常見花紋的價格作為參考，但實際價格仍會依市場時令有所變動。

板材花紋	價格
木質紋	NT.130 ～ 185 元／才
壓紋木質紋	NT.145 ～ 185 元／才
亞麻布質紋	NT.155 ～ 185 元／才
皮革紋	NT.150 元／才
壓紋皮革紋	NT.160 元／才
大理石紋	NT.150 元／才
仿清水模	NT.145-185 元／才

（資料來源：樂沐制作、原晨室內設計）

02 以厚度區分

系統板材的厚度也不只一種，可因應設計及用途選擇適合的厚度，以下就以化紋相同的板材為例，提供不同厚度的價格區間及常見用途作為參考，但實際價格仍會依市場時令有所變動。

板材厚度	價格	常見用途
8mm	NT.150 元／才	背板
18mm	NT.180 ～ 210 元／才	桶身
25mm	NT.250 ～ 300 元／才	檯面
40mm	NT.450 ～ 650 元／才	檯面
50mm	NT.500 ～ 700 元／才	檯面
60mm	NT.700 ～ 800 元／才	檯面

（資料來源：伸保木業　註：由於相同花紋不同厚度，價格會有所變動，相同厚度表面面材不同亦會影響價格，因此以上表格價格為參考值，實際價格需依板材品牌、整體設計、施工等進行評估為準。）

03

03 估價實例─牆面

電視牆面位於客廳，以白色為主、黑色為輔，製造出有層次感的電視主牆，牆面尺寸為寬 280cm、高 240cm，使用的系統板材花紋為白色大理石、黑色礦岩，運用不同的石紋交錯出前後景深，讓空間感更為放大。此面電視主牆的製作費用約落在每尺 NT.1,500 ～ 1,800 元，實際價格仍會依市場時令有所變動。

04 估價實例─櫃子桶身

與電視牆相鄰的收納展示櫃，在設計上除了規劃為鞋櫃，同時也具有隱藏電箱的功能，整座櫃子的尺寸為寬 180cm、高 200cm、深 35cm，桶身使用的系統板材花紋為榆木，門板使用的板材花紋則為白橡木，白色與原木色的搭配清新明亮，並延伸設計了臥榻作為穿鞋椅，下方更預留了擺放掃地機器人的收納空間。此座櫃體的製作費用約為每尺 NT.5,500 元，實際價格仍會依市場時令有所變動。

05　估價實例—櫃子門板

在工業風客廳中搭配金屬感的收納櫃，極簡風格中又不失個性，讓櫃體成為公共空間的吸睛亮點。此座收納櫃尺寸為寬 150cm、高 200cm、深 45cm，使用的系統板材為不鏽鋼髮絲紋金屬板，帶有銀色光澤的金屬板屬於較為考驗使用者的板材，一方面容易在表面留下指紋，需要經常清理，另一方面也比較容易因碰撞而受損。此櫃體的門板製作費用為每才 NT.800 元，實際價格仍會依市場時令有所變動。

06　估價實例—床頭櫃

臥房中以簡單的規劃將床頭櫃、化妝桌一併設計，在實用功能性上屬於 CP 值相當高的安排。床頭櫃連接化妝桌的整體尺寸為寬 343cm、高 90cm、深 40cm，使用的系統板材花紋為白岩川，淺色木質的色調與藍色漆牆面能相互輝映，襯托出床頭主牆及天花板的特色。此座床頭櫃包含或化妝桌的製作費用為每尺 NT.2800 元，實際價格仍會依市場時令有所變動。

種類 ❶
仿石紋

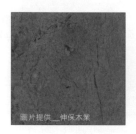

圖片提供＿＿伸保木業

計價方式　　以尺計價。

以右圖為例，門板價格為每尺 NT.2,800
元，實際價格會依市場時令有所變動，
其他種紋路、顏色，依尺寸大小、壓紋
質感、造型難易度，價格也會有所不同。

適用風格　　現代風、簡約風，不同石紋、顏色亦可
視設計融入在其他風格中。

樣式種類

水磨石、灰姑娘、卡拉拉白、安格拉灰、羅勒石、黑網
石、礦岩等。

面材特色

有些仿石紋的板材會以仿古面手法處理，製造出仿舊古老
的質感，展現低調的人文氣質。也有些仿石紋板材，表面
處理呈現石材剖面顆粒狀，能展現出高貴、冷冽之感。

貼心提醒

大面積的仿石紋要留意，板材的切割線重複率不要太
高，太多切線會破壞整體的視覺美感。

圖片提供＿伸保木業

衣櫃使用仿大理石紋，此款仿石紋板材運用仿古面技術處理，呈現出歲月時光洗鍊下，內斂的層次感。

種類 ❷
仿皮革紋

圖片提供__伸保木業

計價方式　以尺計價。

以右圖為例，門板價格為每尺 NT.2,800
元，實際價格會依市場時令有所變動，
其他種紋路、顏色，依尺寸大小、壓紋
質感、造型難易度，價格也會有所不同。

適用風格　現代風、奢華風、簡約風，不同皮革紋
路、顏色亦可視設計融入在其他風格
中。

樣式種類

羊皮、小牛皮、荔枝皮等。

面材特色

仿皮革紋的板材有單純印刷，也有仿皮革觸感紋路，像
是壓刻小牛皮面的紋路，觸摸起來就能感受到紋理質
感，擬真度高。

貼心提醒

雖然有些皮革紋是怕髒的白色，但系統板材表面為美耐
皿材質，使用上不用特別擔心保養問題，用中性清潔劑
或清水清潔即可。

圖片提供＿伸保木業

櫃體使用白色小牛皮皮革紋，擬真度高的皮革紋理具有凹凸有致的觸感，能為空間帶來高貴奢華的質感。

種類 ❸
仿布紋

圖片提供＿伸保木業

計價方式　以尺計價。

以右圖為例，牆板價格為每尺 NT.2,800 元，實際價格會依市場時令有所變動，其他種紋路、顏色，依尺寸大小、壓紋質感、造型難易度，價格也會有所不同。

適用風格　現代風、北歐風，不同布紋、顏色亦可視設計融入在其他風格中。

樣式種類

亞麻布、牛津布、布織紋等。

面材特色

仿布料的紋路除了布料織紋之外，也可以製作出紋理猶如布織品的觸感，能營造出空間中恬靜和諧的氛圍。

貼心提醒

布紋的顏色樣式很多，在挑選布紋板材時，可多留意空間的色彩搭配及風格是否適合，在清潔保養上，也比傳統木工繃布、裱布，來更得容易。

圖片提供＿伸保木業

房間衣櫃選用亞麻布紋，具有布織品觸感的特色，為空間添加溫度與暖意。

種類❹
仿清水模

圖片提供＿樂沐制作

計價方式　以尺計價。

以右圖為例，公共區域牆面與多功能櫃，價格為每尺 NT.7,000 元，實際價格會依市場時令有所變動，也會依尺寸大小、造型難易度，價格會有所不同。

適用風格　北歐風、工業風、Loft 風，亦可視設計融入在其他風格中。

樣式種類

仿清水模、仿水泥。

面材特色

表面以特殊漆處理，製造出仿清水模或水泥的質感，並帶有深淺的紋理。

貼心提醒

清水模和水泥給人比較偏冷調性的感覺，可以搭配上溫潤的木紋板材，或紋路深刻的款式，能讓觸感更真實，空間更有溫度。

圖片提供__樂沐制作

公共區域仿清水模的主牆，搭配白榆木、原色楓木板材製作的收納櫃，讓櫃體的顏色跳脫出來，
兼具玄關櫃、餐廚櫃、備品櫃、展示櫃等功能。

種類❺
木質紋

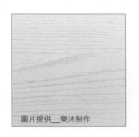

圖片提供__樂沐制作

計價方式　以尺計價。

以右圖為例，書櫃價格為每尺 NT.5,000 元，實際價格會依市場時令有所變動，其他種紋路、顏色，依尺寸大小、壓紋質感、造型難易度，價格也會有所不同。

適用風格　北歐風、自然風、休閒風、鄉村風，不同木紋、顏色亦可視設計融入在其他風格中。

樣式種類

榆木、梣木、楓木、橡木、柚檀、柚木、梧桐木、松木、栓木、喬木、杉木等。

面材特色

雖然都是木紋，但不同木種的紋路也會有差異，挑選時能留意，藉由花紋交織的手法，讓整體設計更細緻。

貼心提醒

木紋板材在運用上可以同色系，也可以不同色系混搭，如果要選用不同色系搭配，必須特別注意顏色比例的拿捏，才不會在視覺上顯得雜亂。

圖片提供＿樂沐制作

結合收納櫃與書櫃功能的櫃體使用白榆木、原色楓木兩種花紋，再透過門板切割線帶出設計美感。

種類❻
仿線板

圖片提供__伸保木業

計價方式　　以尺計價。

以右圖為例，廚具桶身櫃體價格為每尺 NT.6,500 元，門片為每才 NT.550 元，實際價格會依市場時令有所變動，其他種紋路、顏色，依尺寸大小、造型難易度，價格也會有所不同。

適用風格　　鄉村風、古典風，不同線條紋路、顏色亦可視設計融入在其他風格的局部造型。

面材特色

仿線板的做工特別多，相對在價格上也會比較貴，可以視風格設計所需選擇線條樣式及顏色。

貼心提醒

線板在使用上可以搭配場景，如果周遭壁面是白色，可以使用有顏色的面板增加變化及層次；如果牆面是跳色設計，板材的顏色則建議以白色為主。

圖片提供＿原晨室內設計

因整體空間牆面以莫蘭迪藍為主，因此廚具選擇白色線板，製造舒服的對比與氛圍。

種類 **❼**

金屬板

圖片提供＿伸保木業

計價方式　以尺計價。

以右圖為例，牆面背板價格為每尺 NT.8,800 元，其他種金屬顏色、紋路，依尺寸大小、造型難易度，價格會有所不同。

適用風格　奢華風、古典風，不同金屬顏色、紋路亦可視設計融入在其他風格中。

面材特色

在系統板材上貼上真實金屬，所以金屬板有霧滑面和拉絲面，不同表面處理會因燈光產生不同效果，並反射不同光澤，呈現出金屬材質的精緻與細膩。

貼心提醒

金屬板較沒有一般系統板材表面美耐皿耐磨，因此適合作為壁板、門板、背板的裝飾材，不建議作為檯面使用。

牆面背板選用玫瑰金金屬板，因板材貼上的是真實金屬板，在使用上較容易產生指紋，需要經常
維護清潔。

Tip❶ 設計感提升

01　修飾梁柱，減輕壓迫感

梁柱為建築結構必要的設計，但對於許多屋主來說，梁柱不但會影響風水，還會帶來壓迫感，如何修飾、虛化它的存在性，成為室內設計的重要關鍵。隨系統板材密合技術提升，不少設計者嘗試使用延伸，讓板材不只能製作櫃體還能修飾牆面問題。工一設計就透過巧妙的設計，選用木質紋板材修飾樑柱，並從壁面櫃體一路延伸至天花板，一致性的整體搭配，成功虛化梁柱存在感。

圖片提供＿工一設計

以木質紋系統板材修飾天花板大梁，同時與櫃體門板、電視牆上方一致，提升空間設計感。

圖片提供＿工一設計

餐廳中島正前方的展示櫃，也是以系統板材為桶身，門板以玻璃、鋁框為材質，於櫃體中加入燈條，增添展示品質感。

02　活用不同樣式板材，營造不同氛圍

透過不同樣式板材的搭配，不但可以讓設計感加分，也可以用來區隔不同空間的機能與屬性。工一設計在餐廳區與電器櫃、中島的區域中，就選用木質紋板材製作天花板、壁面，與木質地板搭配一致，完美延伸此處的視覺空間感，另也以仿大理石紋門板妝點電器櫃，與地板相呼應，巧妙地透過大理石紋、木質紋兩種質地不同的板材，區隔出用餐區的餐廳，以及製作餐點的中島、電器櫃區。

鑲嵌於系統板中的大理石以壁燈點綴，為冷冽的日子注入暖意。

03 搭配真石材，構築穩重品味

訴求穩重風格品味的室內空間，公共領域走的是木質色調，營造猶如身處歐美宅邸的氣氛。往往客廳設計定義了一間房子的生活美學，設計師跳脫以往作法，於電視牆面與收納櫃二者間的融合度，下足了工夫；掌握精準的施作尺寸計算，於板材與板材間鑲嵌大理石，並以壁燈點綴，作為左右兩側機能的過度緩衝區塊，成就出具變化性的開放櫃，完善了電視牆櫃的設計。大大顛覆以往對電視櫃應用系統板材的制式印象，呈現別出心裁的作法，又不失溫潤質感。

04 對稱設計手法，營造和諧感

空間整體的設計感，也能透過整面櫃體顏色對稱、機能對稱的方式達到。伸保木業邀請設計師規劃廚房中島附近的牆面櫃體，牆面櫃體與大多一整面收納櫃方式不同，而是由四個櫃體組成，交錯設計一個為有門板的收納櫃，另一個為展示的機能櫃，也透過顏色一深、一淺的對稱設計，呈現出牆面和諧性，同時收納櫃、展示櫃間留有縫隙，下方也為懸空設計，也減輕空間沉重感。

圖片提供＿伸保木業

四個櫃體中，其中兩個淺色封閉式櫃體，為仿木質紋板材打造，另外兩個開放式展示機能櫃，為鐵件材質製作。

05　運用特殊色木作及鐵件，讓風格更專屬

系統板材結合木作是最常見的設計手法，若能再運用木作烤漆特殊色加以表現，就能讓牆面更具特色，風格設計也更專屬。原晨室內設計就在電視櫃採用深色木質紋板材，上方櫃選用淺色木質紋板材，再結合 Tiffany 藍烤漆的木作懸吊櫃及鐵件層架，透過跳色的設計，減輕電視牆面量體笨重的感覺，同時也增加收納空間、展示機能，增添客廳的多元樣貌。

電視櫃以系統板材為主要板材，與木工聯手，開放式櫃格烤漆特殊色，以跳色手法，讓空間更活潑。

圖片提供＿原晨室內設計

圖片提供＿原晨室內設計

提供＿工一設計

床頭牆面主要以仿布紋系統板材妝點，再加入直線條鍍鈦金屬，以不對等比例線條，呈現簡潔俐落感。

06 結合金屬材質，展現不同樣貌

系統板材若與金屬結合，不但能呈現細緻的層次，也能讓板材跳脫框架，展現不同樣貌。工一設計運用金屬搭配系統板材，在臥室中的床頭牆面選用布紋，再揉入直線條的鍍鈦金屬，一冷一暖之間看見對比變化，也同時營造臥室具有布紋的溫潤感，以及金屬鍍鈦金黃色的冷列精緻感。

07 混搭鏡子、鋁框，延伸視覺感

突兀的廚房量體，總是令人感到棘手，如何在不更動隔間的前提下進行裝修，是個不小的考驗。設計師運用深淺不同色系的仿清水模系統板材與鏡面交錯搭配，輔以黑色鋁框分別框定電器櫃門片與進入廚房的拉門。一個個細膩環節的設計堆疊，讓向來獨成一體的餐廚空間，透過鏡子的投射、色系搭配，與其他空間融合，虛化了廚房空間的突兀感。施作上僅需注意系統板貼合於壁面時，與牆壁間的平整度，同時掌握鏡面比例，就能帶來加乘的視覺效果，亦提升整體設計氛圍。

圖片提供＿丰越室內設計

挑選具質感的系統板材，交錯搭配鏡面，完美虛化隔間壓迫感。

圖片提供＿珞石設計

由於臥房中空間較小，收納空間有限，衣櫃中不但有吊掛衣服機能，下方也結合書櫃，滿足屋主收納需求。

08 加入玻璃，增加設計、穿透感

系統板材與玻璃相互結合，更能在小空間中發揮視覺延伸感。珞石設計針對小坪數房間，衣櫃桶身以系統板材打造，門板與更衣室背板呼應，以同樣的玻璃、鋁框呈現，再打入燈光，讓屋主打開房門後，視覺空間上可更具有穿透、延伸感，也讓臥室風格調性更趨一致。

植入客製化巧思，即便是制式化的系統櫃也能有藝術感。

09 與木工聯手，以藝術作品增添設計感

在客廳的沙發後方界定出書桌區域，必備的書櫃機能如何設計才不致影響整體居家調性？雖然應用系統櫃製作展示櫃，還與木工結合，請木工師傅製作開放櫃體的拉門，再做出門片、門框後，邀請藝術家依據門框內的尺寸作畫，再將藝術作品貼至門片，讓拉門瞬間幻化為一幅畫作，成為公共空間中最美的藝術端景。在系統櫃層板後方加裝藏燈，讓光線投射到系統板材的色澤，與畫作色系相呼應，也增添屋主陳列藏書與藝術品的高貴感。

10　整合大型電器於櫃體中，統一視覺調性

現今的設計大多講求一致性，設計者為了讓空間不太零碎，將生活用品藏於櫃體中，以統一空間整體視覺調性。像是廚房常有鍋碗瓢盆、大小型電器，空間設計易出現雜亂，設計者整合大型電器於櫃體中，從流理檯的上下櫥櫃開始，運用相同語彙的橫向木紋系統板材，延續至整面的電器櫥櫃設計，形成 L 型櫃體，讓廚房空間更具整體性。值得注意的是，大型冰箱原不適合置於封閉式櫃體，但在電器高櫃門片下方設計排風孔，即能打造利於冰箱散熱的空間。

圖片提供＿大湖森林室內設計

圖片提供＿大湖森林室內設計

書櫃門板部分為斜切設計，且在牆面加裝層板，讓視覺感延伸至牆面，可展示工藝品外，層板下方也製作小型書桌，連結辦公機能。

Tip❷ 造型更多樣

01 斜切設計，更有型

斜切系統板材，讓書櫃不再為方方、正正、呆板制式樣貌。設計師選用裁切的系統板材，將其中一角切掉三角形，再與另一片板材拚接，即成為菱形，打破書櫃方正制式的格子，再透過不同局部的鏤空，層板交錯設計出層次感，讓書櫃具有豐富的視覺效果，也帶有前衛的現代感。

02　切割圓弧狀，創造不同空間語彙

系統板材除了花紋多樣，設計者、廠商也在塑型上加以著墨，讓板材的運用不只能做出具變化性的櫃體，還能製造出各式具象的圖案，讓板材的表現更活靈活現。透過機械裁切，製作出斜角、圓弧等造型，結合色系搭配，還能勾勒出彩虹、雲朵、貓頭鷹、貓咪⋯等多樣造型，達到豐富空間語彙的作用。不過，伸保木業總經理洪克忠補充，弧型板材須另外訂製，價格也會比常見的板材高。

圖片提供＿伸保木業

系統板材也能被裁切成圓弧型，能做出不同造型裝飾壁面，讓整體氛圍增添童趣。

天花板、壁面、收納櫃門板，統一採用裁切成直條狀的系統板材，拼製出仿格柵意象造型，讓整體空間感變得更寬敞。

03 裁切成線柱狀，仿格柵意象

格柵在室內設計中，常被運用在天花板裝飾或屏風，設計師發揮巧思，展現系統板材極致創意，將系統板材裁切成線柱狀，再將柱狀板材一根、一根併排，系統板材搖身一變為低調又富有品味的壁面，仿格柵意象的造型，不但展現了線條的和諧，也營造了視覺的溫潤感。在工法上，伸保木業總經理洪克忠補充，天花板的格柵線條須與壁面、收納櫃門板完全對齊，天花板工法較複雜，聘請木工師傅施作，壁面、收納櫃門板則由系統板材師傅處理，才讓空間風格一致。

04　收納櫃錯落、鏤空，增強透視感

收納櫃的設計，透過不同大小的板材，搭配錯落、鏤空的手法，也可以很多變。設計師以鐵件為櫃體桶身，為了不讓櫃體看起來量體太大、顯得笨重，因此沒有做滿門板，只做部分門板，讓有些部分為鏤空，且門板有些運用木質系統板材，有些運用鐵件，再透過不同方格的大小、橫豎，交錯穿插，增加視覺的變化感、穿透感。此外，櫃體桶身設計也藏有巧思，設計師為了讓家庭成員用餐時，能不被後方客廳視覺干擾，特別設計讓每片直立的側板，轉向客廳多一點角度，以縮小視線範圍。

以鐵件製作桶身的櫃子，剛好位於客廳、餐廳之間，不但能收納、展示，也具有區隔空間功用。

圖片提供＿樂沐制作

圖片提供＿樂沐制作

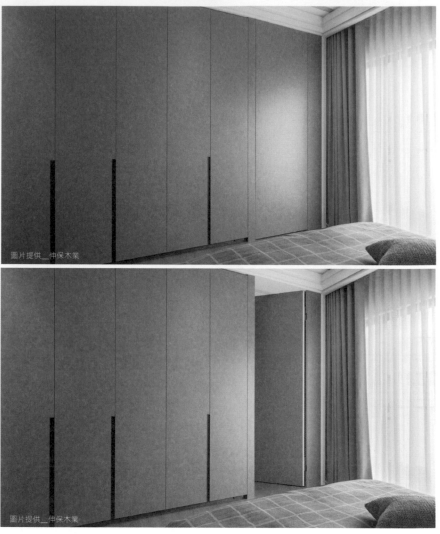
圖片提供＿伸保木業

臥房中打造大型量體衣櫃，並搭配暗門設計，門板採用內凹式取手，讓臥房空間的線
條更簡單、不凌亂。

05 暗門設計，門板與壁面一致

不少屋主在裝修時，非常困擾房門、廁所門與壁面或櫃
子設計，總是無法融合，顯得整體空間格格不入。設計
師透過櫃體門板採用系統板材裝飾，並以同樣紋路、顏
色的系統板材製作暗門，將居家空間的各式房門藏匿起
來，讓空間變得更乾淨俐落、簡單大方。

Tip❸ 質感升級

01　加入燈光，板材質感躍升

設計者透過搭配燈條方式，藉由光線帶出系統板材細節特色。運用不同系統板材花紋，打上燈光也會有不同效果。設計師選用深色系統板材作為桶身，櫃體貼上玫瑰金屬板，再打上黃光，讓光線變化較有層次，也展現出更衣室的氣勢。在臥房中，設計師在床尾的開放式木質紋櫃體，加入麻質布罩燈，整合空間的硬體，不但提供照明，營造出臥房溫潤又質樸的氛圍，也具備視覺隔段效果。

（上）以金屬板為吊衣櫃背板，在櫃體嵌入燈條，讓燈光投射到系統板材上，增添光線層次感，也更凸顯板材表面的質地。（下）在開放式具區隔效果的櫃體中，加入布罩燈，燈光間接折射在仿木質板材上，更散發出木質柔和的溫潤感。

圖片提供＿伸保木業

圖片提供＿工一設計

下方櫥櫃的系統板材門板，是特別向廠商訂製的顏色，搭配金黃色的進口五金，讓系統板材的質感躍升。

02 搭配精緻五金門把，襯托板材質感

系統板材的質感，能從面材本身的擬真度提高中看出，也能透過搭配五金把手，烘托出櫃體細緻的氛圍。設計者在廚房、中島區的門片選以系統板材為主，為了增添質感搭配了進口五金把手，獨特的香檳金色，更添整體的設計質感。

03　運用夾層概念，夾入金屬板材

系統板材面材不但有仿布紋，還有金屬質感。有業者發揮巧思，以三明治為概念，在兩片系統板材之間，夾入金屬板材，組構成三層板材，再以此新組構的面材，設計整體櫃體的線條，完美發揮不同面材的特性，仿布紋混入金屬，成功營造混材效果，金屬的質地，也讓燈光投射時，櫃體有更多的層次變化，進而提升系統櫃的質感，讓系統櫃不再只是單一面材樣貌，而有更多的變化。

衣櫃背板選用大理石紋系統板材，櫃體層板側邊夾入金屬板材，增添衣櫃豐富感。

供＿伸保木業　　圖片提供＿伸保木業

Part 02

更省時、更精緻的木工系統化

　　木工系統化的裝修方式，在傳統工班團隊出現老化、人才短缺現象，以及噪音相關規範日趨嚴謹下，因運而生。系統化將裝修部分工序提前在工廠完成，具有省時、省力的效益。將簡介適合選擇木工系統化的情況、可以搭配選用的板材，以及輔以機械自動化的工序，使得技術上愈趨精進，帶來許多優點。

Point 01　**使用狀況**

圖片提供＿艾馬設計

小坪數空間裝修適合選擇木工系統化，工班團隊到現場能組裝部分物件。

Tip❶ 適用裝修的情形：

01　小坪數房型，工地現場狹小

現今房價居高不下，台灣人口結構也逐漸在改變，近來的家庭思維也有所轉變，出現許多頂客族、不婚族、單身族等，因此市場漸出現小坪數房型需求趨勢。

而小坪數房型裝修時，首要會遇到場地太小的問題。艾馬設計執行總監黃仲立表示，工班團隊裝修時所須用到的器具、材料，受限於空間大小，不僅可能無法搬運器具入工地，師傅無法順利轉動板材裁切大小，在作業上也非常不便利。因此，許多小坪數的居家裝潢，適合請裝修公司提前在工廠預作部分施工程序，到現場只需要組裝、定位。

02 法規日趨嚴謹，限縮施工時間

過去新聞版面時常見到室內裝修擾鄰糾紛，因此各縣市府依據《噪音管制法》公告噪音管制區內不得在特定的時間內，使用動力機械等裝修工程，發出機械噪音，妨礙他人居家生活安寧。

但各縣市府制定的規範不盡相同，以台北市為例，在台北市室內裝修須先依照「台北市建築物室內裝修審核及查驗作業事項準則」第 8 條規定，室內裝修圖說經審核通過、簽章後，將轉送都市發展局發送許可文件、施工許可證，並在 6 個月內，依照核定的圖說完工並申請竣工查驗。且 6 個月內的施工時間，不得在平日晚上 10 時至隔日上午 8 時，以及在假日中午 12 時至下午 2 時、晚上 6 時至隔日上午 8 時施工。

因此，有些裝修公司為了要在限期 6 個月內完工，又不得影響鄰里安寧，將原先在施工現場施作的程序，提前在工廠預鑄，到現場只需要組裝或定位物件。

可以施工的時間

時間	週一	週二	週三	週四	週五	週六	週日
00:00 08:00	X	X	X	X	X	X	X
08:00 12:00	O	O	O	O	O	O	O
12:00 14:00	O	O	O	O	O	X	X
14:00 18:00	O	O	O	O	O	O	O
18:00 22:00	O	O	O	O	O	X	X
22:00 23:59	X	X	X	X	X	X	X

註：此時間表依據台北市公告「噪音管制區內禁止行為及管制區域與時間」繪製。
網址：https://www.epd.ntpc.gov.tw/Article/Info?ID=350

Tip❷ 裝修時應注意：

01　到府丈量尺寸須精確

通常與設計公司洽談後，都會先請設計師到府丈量，而在木工系統化裝修過程中，到府丈量尺寸數值不但要正確，更需要精確。黃仲立解釋，木工系統化尺寸丈量錯誤，所需要付出的成本，比傳統木工還多，若是在丈量尺寸環節就出現錯誤，後續一連串在工廠裁切、封邊等程序皆需要重來，再加上有些物件會直接在工地現場組裝，所以尺寸大小也更需要精確，因此，木工系統化裝修非常注重尺寸丈量時的步驟。

02　工廠編碼板材，避免物件組裝錯誤

由於系統化裝修會將加工完成的板材，帶至工地現場組裝，為了避免物件組裝錯誤，工廠會編碼板材。廠商有情門表示，到屋主家中現地丈量後，會先在工廠裁切板材，板材出廠前，會透過電腦條碼管控物料，並依照屋主身分製作 ID 卡，依不同空間屬性分別包裝板材、零件、物料。像是組裝臥室櫃子的板材，會被放在同一個物料車上，組裝客廳電視櫃的板材，會放置在另一物料車上，所有物料依照電腦條碼妥善清點、包裝，由組裝工務專車送至安裝地點。組裝人員再依安裝位置堆放板材，依據出貨料單完成組裝，不但能降低組裝出錯率、更能提升施工效率。

工班師傅會在板材上編號，再依據號碼將組裝物件所須的板材，置放在同一區域。

圖片提供＿艾馬設計　　圖片提供＿

工班會先以塑膠膜包裝組構同一物件所須的板材，再包上厚紙板、氣泡墊，最後才放置於大紙箱中，以減低運送時，發生碰撞，損壞板材。

圖片提供＿艾馬設計

03　注重包裝、運送，減低板材碰撞受損

在木工系統化裝修過程中，所須的板材會先在工廠預鑄，像是在裝修前，預先裁切出合適的尺寸大小、弧度、造型等，但這些裁切好的板材，在運送過程中，若遭逢碰撞，角度、造型可能就會破損，需要再重新預鑄，不但會提高成本，也會影響工期。為了避免碰撞受損，廠商有情門表示，工廠會依據不同物件組裝所需要的板材，分別置放於物料車架上，再以氣泡布、瓦楞紙板等防撞包材仔細包裝，安裝人員於運送時，也會特別留意，以防板材或物件損傷。

種類❶
木芯板

圖片提供＿祥祐木業

計價方式　以尺計價。

4 尺 ×8 尺，厚 18mm，柳安木芯板單價約 NT.1,000 ～ 1,200 元，麻六甲木芯板 單 價 約 NT.700 ～ 900 元 / 片。3 尺 ×7 尺，厚 18mm，柳安木芯板單價約 NT.780 ～ 900 元，麻六甲木芯板單價約 NT.600 ～ 850 元。3 尺 ×6 尺，厚 18mm，柳安木芯板單價約 NT.650 ～ 800 元，麻六甲木芯板單價約 NT.500 ～ 650 元。

適用風格　現代風、簡約風、北歐風等皆可

適用空間

客廳、餐廳、臥房等皆可

施工處理

木芯板可裁切釘為書櫃、廚具、床架、層板等，做成各式櫃體的骨架，之後再貼表面材（波音皮、美耐板、熱壓板等）依照空間風格修飾。

圖片提供＿寬象設計

樣式種類

木芯板是以上下兩層單板為基礎，中間鋪上膠合木心條，再用熱壓機壓製、表面整修而成的板材。木芯板依樹種不同來區分，市面上最普遍常見柳安木芯板及麻六甲木芯板，柳安木芯板的中心夾層是用柳安木製造，麻六甲木芯板的中心夾層是用南洋合歡（或麻六甲合歡）製造。

面材特色

柳安木芯板的質量較重，硬度適中，板材可鎖螺絲，加強堅固耐用性，適合用於設計櫃體。麻六甲木芯板俗稱「麻仔」，重量較輕，但結構鬆散，鎖螺絲容易鬆脫，較適合用於層板設計或各式需要方便挪移的成品，不適合用於結構材。

挑選方式

外觀上要注意表面是否平整，板材中間是否有孔隙，通常板材的重量越重，品質越好。現在台灣產的木芯板都需要合乎 F3 的標準，若是擔心甲醛問題，則可挑選更高的 F1 等級。

種類❷
可彎板

圖片提供＿祥新木業

計價方式　以尺計價。

4 規格 4 尺 ×8 尺，厚度 3mm 每片約 NT.850 ～ 950 元，厚度 5mm 每片約 NT.950 ～ 1,050 元，厚度 8mm 每片約 NT.1,800 ～ 1,950 元

適用風格　可彎板為底材，表面可以貼各種材料或上漆，以符合空間各種風格。

適用空間

室內牆面裝飾，裝飾板、造型板、曲面牆面、天花板。

施工處理

可彎板施作之前，底部要先有角料或木芯板打弧形骨架，骨架必須留意間距與彎度（彎度太小可能導致失敗）上板須先以白膠固定，再集釘固定。特別注意圓弧與平面的連接面，避免翹起與波浪問題，且垂直水平需精準，以免產生不平衡視覺感。

圖片提供＿寬象設計

樣式種類

可彎板主要做為底材，通常不討論表面紋路樣式（坊間也有區分為長紋與短紋），通常會以規格區分樣式，一般規格是 4 尺 ×8 尺，按照空間需求有 3mm、5mm、8mm 不同厚度。

面材特色

材料具有柔軟度，質地輕盈易於切割，可以達到 S 型彎曲，適用於木作必須要弧形加工的細節，如包裹圓柱等等，運用可彎板造型可以省時省工，且外表可以噴漆著色或貼皮、美耐板處理，符合需要的風格。可彎板主要作為表面造型，板料耐重性不佳，不可釘掛重物。

挑選方式

挑選注意厚度與品質，彎曲程度是否符合裝潢需求，而綠建材標章若是 F1 等級，雖然甲醛含量低，但蟲蛀風險高，建議配合除蟲工程，消除蟲卵與白蟻。

藝術裝飾板

圖片提供＿特力木業

計價方式　以尺計價。

訂製品可選密底板或各種樹種板材，規格可分 4 尺 ×8 尺（厚 9mm）、4 尺 ×8 尺（厚 12mm）、2 尺 ×8 尺（厚 18mm）材料以片數計價，實木雕刻板單片在 NT.2,000 ～ 4,000 元，雕花鏤空板單片在 NT.2,500 ～ 5,000 元。

適用風格　現代風、簡約風、華麗風、中國風。

適用空間

牆面、天花板、柱子、梯廳。

施工處理

實木雕刻板、藝術造型板可依需求裁切尺寸，自由選擇噴漆的顏色，釘於底板上裝飾表面。雕花鏤空板依設計需求，裁切尺寸黏貼在牆壁或框架中，背面可加上燈光製造透光效果。

圖片提供＿祥新木業

樣式種類

常見裝飾板有藝術雕刻板與雕花鏤空板兩類，前者使用
實木用電腦雕刻波浪、樹皮、編織等不同浮雕效果，後
者則是用電腦切割具有局部穿透的窗花，圖案與文字亦
可接受客製化設計，兩者使用方法類似，可用於牆面、
隔間、櫃體的局部裝飾，但不適合當成結構材料。

面材特色

使用電腦 CNC 切割技術，在板材上精準切割或雕刻出
繁複圖案，不同表面處理可有不同效果，加上漆面與異
材質搭配處理，可以變化出多種不同風格，增添室內造
型變化，讓裝潢更活潑。

挑選方式

挑選材料穩定，不易受氣候影響熱脹冷縮，致使板材扭
曲變形；其次觀察表面處理完整度，避免有圖案破損或
不連接之瑕疵，圖案則主要依據喜好挑選樣式，走現代
風或簡約風，可挑實木造型版或俏麗的雕花鏤空板，特
殊花鳥造型設計可以營造奢華風或中國風，創造不同視
覺效果。

種類❹
美絲板

圖片提供__華奕國際實業有限公司

計價方式　　美絲原色大板片、厚度 15mm，每坪
　　　　　　　NT.1,800 ～ 2,200 元。

適用風格　　現代風、簡約風、北歐風等皆可

適用空間

玄關、客廳、臥室、視聽室、琴房、書房的天花板或牆面。

施工處理

天花板以木工、輕鋼架皆可，小尺寸可 DIY 黏貼上牆。

樣式種類

美絲板的尺寸規格，可分為大板片（91cm×182cm）、
明架天花板片（60.3cm×60.3cm）及適合 DIY 牆面的六
角吸音磚。顏色上，基本裸色款有杉木原色及水泥色調
的灰木色，杉木原色能營造出溫柔的森林風，灰木色則
內斂冷靜，常被用於工業風設計。美絲板表面可以使用
環保水性漆變換顏色，可以直接從訂製款中挑選喜愛的
色系，或是自由噴漆上色，輕鬆變換空間氛圍，且不影
響吸音效果。

圖片提供＿萊比室內設計

面材特色

美絲板是木絲結合水泥壓製而成，100% 純天然，通過綠
建材標章，不含甲醛及化學揮發物。生產過程中，木絲
會被水泥礦化，成為化石般的堅硬無機物，杜絕蟲蛀或
發霉現象，並通過耐燃二級的國家標準。美絲板表面呈
現立體的木絲紋路，多孔質構造讓板材有良好的吸音特
性，寬廣的吸音率讓美絲板成為視聽空間的常客。

挑選方式

要購買正規、品質保證的美絲板，必須注意木絲寬度及
分布是否均勻，部分相似板材號稱美絲板，但細看其木
絲寬、細不一，或是有嚴重的水泥結塊導致木絲紋路消
失，影響整體外觀。另外可以從是否具備綠建材標章，
辨別產地與生產廠商。

種類 ❺

沃克板

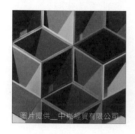

圖片提供＿中紘經貿有限公司

計價方式　規格 2440mm×1220mm、厚度 8mm 的沃克板，每片價格約 NT.2800 元。

適用風格　現代風、簡約風、北歐風等皆可。

適用空間

牆面、門片、展場、傢具、玩具、公共空間等。

施工處理

施作時，會利用木工工法慣用的接著劑。

樣式種類

沃克板有 8mm、16mm、19mm 不同厚度，表面可經染色呈現出淺灰、灰、黑、咖啡、黃、橘、紅、卡其、藍、綠色，也可加上平光或亮光的漆面處理、上蠟蠟或植物性保護油等，呈現出不同變化。

圖片提供＿中祕經貿有限公司

面材特色

沃克板為創新材料，為長纖木纖維高溫壓製成的板材，天然原木纖維並用有機染料浸漬，最後加上特殊的樹脂，呈現出自然質感。沃克板密度較一般標準的中密度纖維板高約平均為 30% 以上。沃克板材料具有特殊靈活性，易於任何加工處理，經過 CNC 精密雕刻後，在 3D 曲面可以完美展現設計和紋理，具有特殊的靈活性。

挑選方式

沃克板以環保與安全性著稱，挑選具有 PEFC 和 FSC 認證，且附上甲醛 F2、防焰一級、耐燃三級、抗彎等相關報告與證書，確保游離甲醛釋出量於 0.1PPM 以下（台灣甲醛釋出量介於 F2 ～ F3 之間），符合歐盟環保標準。

種類❻
新琦石

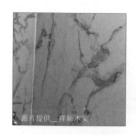
圖片提供＿祥新木業

計價方式　以尺計價。

規格 4 尺 ×8 尺，厚 3mm，單片約 NT.2,000 ～ 3,000 元。

適用風格　現代風、鄉村風、簡約風、奢華風。

適用空間

天花板、牆壁、梯廳、商業空間、浴室、廚房等。

施工處理

使用甲苯低甲醇強力膠、結構型 AB 膠黏貼或益膠泥黏貼。

樣式種類

全部規格皆為 4 尺 ×8 尺，厚度 3mm，可分為亮面石紋、浮雕面石紋兩大類，色彩部分也有多樣化選擇，白色石紋系列明亮簡潔，黑色石紋系列沉穩大方，還有黃色、藍色、灰色、浮雕石紋系列，不同顏色可依照室內裝修風格選用。

圖片提供＿祥新木業

面材特色

採用最新奈米技術結合環氧樹脂與碳酸鈣形成，表面使用 UV 抗菌劑防火漆原料技術處理，呈現出模擬天然石材的美麗紋理質感，可有多種線條、紋路與色彩選擇，並且具有防焰、阻燃、防水、防潮、防霉、防蛀蟲、易清潔等特性的輕建材，在施工上更為便利效率。

挑選方式

市售有類似的產品，容易有良莠不齊不問題，挑選務必慎選品質，留意表面轉印處理是否良好，並具有防焰證明。

種類 ❼
塑纖木

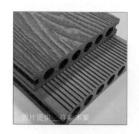
圖片提供＿祥新木業

計價方式　規格尺寸多樣，且可分為空心或實心款式，通常連工帶料以平方米或坪數計價，每坪約 NT.15,000 ～ 25,000 元，視案場地形及是否架高、材料耗損、現場施工難易決定單價高低。

適用風格　鄉村風、人文風、北歐風。

適用空間
戶外、浴廁。

施工處理
板材使用專用固定扣件鎖在角料結構上（平檯或格柵施工方法不同）。

樣式種類
塑木材料可分為面板與角材兩類，而面板又有實心與空心之別，可運用於戶外壁板、地板或裝飾材，也可施作在室內壁板、天花板、格柵天花板。

圖片提供＿祥新木業

面材特色

四面立體壓紋一體成型，提升板材結構及耐磨性，在潮濕環境更能增加止滑效果。回收塑料加上木纖維製成的環保材質，具有耐潮、不腐朽、抗紫外線、抗蟲柱等優點，而表面浮雕與上色效果可以模擬真實木紋，呈現出柚木、胡桃木、柚木、紅木等不同選擇，可作為戶外地板、壁板、亦有卡扣式格柵天花板板，可用於室內設計裝修。

挑選方式

塑木可以運用於各種造型，主要視室內與戶外空間需求挑選，塑木平檯、塑木格柵、塑木圍牆等戶外裝修，建議搭配整體景觀設計，挑選適合顏色，使其與大自然結合，提升視覺美感。

01　機械裁切，尺寸、造型愈精緻

木工裝修朝向系統化方式發展，最大的特點就是將許多步驟提前在工廠完成，並且以自動化、機械化為導向。而這樣的發展，不但提升裁切板材的時間效率，也能降低人工裁切的誤差率，因而提升尺寸大小的準確度，對於工班師傅來說，施作上也更為省力。在設計造型上，因為透過機械輔助，能降低物件特殊造型的失敗率，也能運用多角度裁切機，更精準地切出特殊角度，提高造型設計的精緻度。

02　板材塗膠均勻分布，木皮不易脫落

在傳統的木工製程中，師傅要製作一片木芯板，需要在木板正中心倒上強力膠，再用刮刀將強力膠塗抹在整片木板上，所以木板正中心通常會有較多膠體，木板四邊角的膠體可能會較少，使得木板的膠體分布不均，造成整片木板黏著力不一，使用久了可能會出現脫膠、脫皮、邊角翹起等狀況，影響使用、美觀。而將此步驟轉向系統化，師傅能使用機械噴槍塗佈強力膠，噴槍能噴射定量膠體，使得膠體均勻散佈在木板上，木皮便較不易脫落。

03　機械壓合，板材黏著度更佳

當木板塗上強力膠後，要壓合另一片木板時，傳統木工製作方式，是師傅拿著笨重的鐵鎚，用敲打的方式，將壓合時產生的空氣擠、壓出來，人工敲打的力度有輕、

圖片提供＿艾馬設計

木工師傅以機械噴槍在木板上塗佈膠體，製作出板材的木皮較不易脫落。

重，也有可能某些區域沒敲到，將會造成木板黏著力不穩定。因此，木工系統化裝修的木工師傅只需要將板材放入滾輪輸送帶中，透過機械輾壓，讓每一寸木板受到壓合的力道一致、均勻，即能完全擠壓出氣泡、空氣，以提升板材黏著度。

04　機械封邊，板材邊角更平整

木工師傅封邊時，透過自動封邊機的輔助，轉動板材，以機械平穩的力道黏合板材、封邊條，能在短短 3 分鐘內，就能將木芯板封邊貼得平整又漂亮，比完全以人工的方式，黏貼 1 條邊耗時 15 分鐘，快速許多。

估價、工期比一比

設定同尺寸的櫃體（寬 180 公分、高 200 公分、深度 35 公分）、電視櫃（寬 280 公分、高 240 公分），面材以單色、國產五金、未有特殊造型及特殊收納設計等條件下，比較傳統木工、系統板材、木工系統化三種不同裝修方式，粗估費用、工期。其中須特別留意，系統化裝修並非等於省錢，還須視取材用料、運用的五金、造型特殊性與否等因素，影響裝修費用價格。

施作方式	傳統木工		系統板材		木工系統化	
	計價	工期	計價	工期	計價	工期
櫃體	55,000 ～ 60,000（含上漆木皮）	2 ～ 3 天	30,000 ～ 35,000	1 ～ 2 天	50,000 ～ 60,000	工廠製作時間 4 ～ 5 週 現場安裝 1 小時
電視牆	30,000 ～ 35,000（含上漆木皮）	1 ～ 2 天	15,000 ～ 20,000	1 天	30,000 ～ 40,000	工廠製作時間 3 ～ 4 週 現場施作時間 1 天

註記：此表格中的木工系統化板材，以使用實木為材料。傳統木工、系統板材、木工系統化實際施作成品的價錢，仍依市場售價、特殊造型、是否採用進口五金、特殊花紋與顏色等需求，而有所不同。

Chapter

03

系統化裝修的應用

概述系統化裝修趨勢、方式後，將介紹「系統裝修的應用」，Part1 為「機能整合」，介紹系統化裝修，能依據使用者的習慣，搭配合適相對的五金，即能最大化收納效益，再以各式櫃體的空間運用，解析櫃體設計；Part2 為「美感設計」，針對天花板梁柱、立面的運用，分析設計細節；Part3 為「精選個案」，挑選 5 件選用系統化裝修的案例，清楚了解設計師如何活用設計手法，讓系統裝修不再只有單一機能，也不再只是方方正正的系統櫃，而是能激升空間設計感的重要角色，打造每個人心中有型、獨特風格的舒適宅。

Part 01　　機能整合
Part 02　　美感設計
Part 03　　精選個案 In the Space x 5

機能整合

　　無論是木作工班、系統傢具設計的櫃體，抽屜等物件細節要能順利運作，五金零件為其中的關鍵。以下將分類介紹系統板材、木作板材常使用的五金零件、注意事項，再以不同櫃體的空間運用，拉線說明設計如何讓生活更便利、理想。

Point 01　五金這樣挑就對了

TYPE ❶
把手／取手

攝影＿江建勳　產品、場地提供＿寶豐國際有限公司

注意事項

▶ 每一種把手適合不同厚度的門片，因此挑選款式前，建議先了解櫃體門片厚度，才能找到理想、適合的把手。

▶ 在安裝把手時，把手無法單靠本身就能完全鎖扣於門上，須要搭配鉸鍊、龍吐珠等其他五金，才能精準將把手定位在門片上。

▶ 若想自行更換把手，單孔把手要留意螺絲的長度，須考量零件本身的厚度，還要再加上門片的厚度，若螺絲太短，會出現無法鎖上的情況。若是雙孔把手，則要注意新把手與舊把手的孔距（即孔與孔之間的距離）是否能吻合，若孔距不同，也會無法完全鎖上。

產地價格

產地	台灣、日本、德國、義大利……等。
價格	以「個」計算，一個約 NT.10 元至上萬元，會依把手造型差異，價格有所不同。一般可在五金行或特力屋大賣場等，單買把手五金零件，但不包含安裝費用；若是尋求系統廠商、木作工班，則會依訂製櫃體板材的厚度，選擇適合的把手，連工帶料一併計價。

TYPE ❷
拍門器

注意事項

▶ 在遇到無法安裝把手或取手時,會以拍門器代替把手,讓門板彈開。因為需要輕拍、觸碰,才能促使拍門器彈開門板。但拍門器中的彈簧用久了,會出現鬆脫、疲乏情況,因此在使用一段時間後,常出現無法緊密扣合的狀況,在安裝前,建議要先了解拍門器的特點,再決定是否安裝。

▶ 由於拍門器有固定的定位點,按壓時須觸碰到定位點,才能開啟與閉合,經常有使用者在按壓過程中,找不到拍門器的相對位置,反而更用力或更頻繁地連續性按壓,這樣其實更容易加速五金的損耗甚至損壞,使用上要多加留意。

▶ 拍門器五金在使用了一段時間後,經常會出現接觸不良情況,不少消費者會選擇自行更換,建議更換時,選購原本使用的型號,以利在原孔洞、位置鎖上拍門器。

攝影__蔡竺玲　產品提供__歐德傢俱

產地價格

產地	台灣、日本、德國、義大利……等。
價格	以「個」計算,一個約 NT.150 ～ 500 元,另還會依據埋入式或外蓋式、是否有緩衝、吸磁、消音等功能,以及所適合的板材厚度、五金本身材質等,價格有所不同。一般可在五金行或特力屋大賣場等單買到拍門器零件,但不包含安裝費用;若是尋求系統廠商、木作工班,則會依訂製櫃體的板材厚度,連工帶料一併計價。

鉸鍊

注意事項

▶ 每個鉸鍊的尺寸與大小有不同承重量，選用時須留意門片寬、高、重量。若櫃體門片表面加裝飾材，更須留意搭配合宜鉸鍊，以利門片能順利開合。

▶ 鉸鍊上有固定的孔洞，安裝時每一孔洞皆須鎖入符合孔洞大小的螺絲，切勿以小螺絲鎖入大孔洞，影響使用。一般門片大多安裝 2 個鉸鍊，有時會再加裝 1 個鉸鍊，增加穩定性，但並非加裝愈多愈好，仍須視門片搭配合適數量。

▶ 使用西德鉸鍊時，留意門片高度、寬度外，更須留意打開門片時，勿強開門片至超過鉸鍊可以負荷的角度，以致扯壞內部構造，影響門片開闔。另也須留意板材厚度，以及櫃體與門片組裝方式為蓋柱或入柱，選用合適鉸鍊型號。

攝影＿＿蔡建勳　產品、場地提供＿＿喬豐國際有限公司

產地價格

產地	台灣、日本、德國、義大利……等。
價格	多以「單個」或「一對」計價，一對約 NT.200 ～ 300 元。以蝴蝶鉸鍊為例，依據孔徑、入柱、蓋柱方式、有無緩衝等，價格有所不同。一般可在五金行或特力屋大賣場等單買，但不包含安裝費用；若尋求系統廠商、木作工班製作櫃體，會依據櫃體長、寬、高、深度等尺寸，連工帶料一併計價（包含板材、五金零件等材料費，再依加工形式、安裝難易度等，計算費用）。

TYPE ❹
撐桿

注意事項

▶ 開闔上、下掀式櫃體門片，能透過垂直上掀五金、上掀折門五金輔助門片開闔，也能透過結合西德鉸鍊、撐桿，達到上、下掀開闔的功用。無論使用哪一種五金，或哪一種掀門方式（上掀或下掀），建議選擇適合使用者開、關門板的高度，並預留門片開啟後的擺放空間，以免使用不順。

▶ 由於上、下掀式櫃體的門片，在閉合的瞬間，速度較快，建議加裝撐桿支撐，讓門板閉合時有緩衝，減少發生夾手等狀況。

▶ 上掀、下掀式門片的作用方向不同，選用時須要挑對同方向性的撐桿。撐桿五金受限於門片的長寬高、重量，因此也須留意承載量，挑選時，須考量門板重量、高度與尺寸，切勿超標使用，以免影響安全。

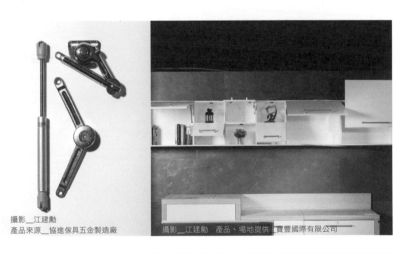

攝影__江建勳
產品來源__協進傢俱五金製造廠　　　攝影__江建勳　產品、場地提供__賣豐國際有限公司

產地價格

產地	台灣、日本、德國、義大利……等。
價格	以「單個」計價，一個約 NT.300 ～ 500 元，還會依開闔角度為油壓式或機械式、是否有緩衝功能，以及所適合的板材重量，價格有所不同。一般可在五金行或特力屋大賣場等單買撐桿零件，但不包含安裝；若是尋求系統廠商、木作工班，則會依據所訂製的櫃體尺寸（包含長、寬、高、深度等），連工帶料一併計價。

TYPE ❺
抽屜滑軌

注意事項

▶ 在製作抽屜時，因為無法調整直角誤差，所以更須精準搭配對應的滑軌尺寸。安裝時，也要注意滑軌兩軸間的水平度是否有縫細，若在不平整的情況下安裝，既會破壞軌道，抽屜也會無法正常使用。

▶ 每款抽屜滑軌皆有既定的承重量，一旦抽屜載物過重，抽屜、滑軌將會變形、損壞，影響抽屜推拉順暢度。

▶ 滾珠／鋼珠滑軌是以滾珠帶動抽屜滑動，若滾珠沾黏粉塵，便會影響使用，建議在安裝過程中留意防塵工序。也建議平時能定期清潔滑軌，適度清除五金表面粉塵，推拉時能較順暢，也能維持滑軌壽命。

攝影＿江建勳　產品　　提供＿寶豐國際有限公司

產地價格

產地	台灣、日本、德國、義大利……等。
價格	以「一對」計價，一對約 NT.200 ～ 2,000 元，另還會考量二節式或三節式，以及長度（30、45、55公分等）、有無緩衝功能等，價格有所不同。一般可在五金行或特力屋大賣場等單買，但不包含安裝費用；若尋求系統廠商、木作工班製作櫃體，會依據櫃體長、寬、高、深度等尺寸，連工帶料一併計價（包含板材、五金零件等材料費，再依加工形式、安裝難易度等，計算費用）。

TYPE ❻
拉門五金

注意事項

▶ 拉門五金為滑輪、軌道、滑軌、上下門止等組成的五金。滑輪有不同大小、承載量、型號，軌道也有輕軌、重軌、超重軌之別，甚至有的滑輪與軌道為固定搭配型號。若門片量體較大、厚重，在挑選滑輪、軌道時，更須挑選適宜的型號，以免造成零件超載、鬆脫情況，影響使用。

▶ 若要將拉門固定於天花板上時，安裝前須留意天花板結構，若硬度不夠，建議在天花板上加強吊掛強度；若固定在櫃體上，也須留意板材的穩固性。

▶ 下門止依直徑粗細有不同的對應溝槽，通常直徑 13mm 配 5 分槽（1 分約 3mm）、8mm 配 3 分槽。當地板無法挖溝槽的情況下，可以鎖於牆上的 L 型下門止，也可分為固定式、前後可調形式。為了降低拉門撞壞機率，建議使用含有培林的門止，不但耐用、推拉也較順暢，再者也不易裂開，能省去日後更換的問題。

攝影＿江建勳
產品、場地提供＿寶豐國際有限公司

產地價格

產地	台灣、日本、德國、義大利……等。
價格	以「組」計價，一組約 NT.450 ～ 12,000 元。安裝拉門五金大多會尋求系統廠商或木作工班，依據櫃體形式及門片大小、重量，計算出軌道所需的長度、五金數量（上下端分別各需要的滑輪數量、門止……等），除了材料費用，還會依加工方式等，一併計費。

TYPE **❼**

折門五金

注意事項

▶ 此類型折門須運用滑軌五金，因此須留意滑軌兩軸間的水平度，一定要在平整的情況下安裝，好讓門片可以平順利地滑入櫃體中，若滑軌兩軸間水平度有歪斜，會造成軌道損壞，門片也會無法正常開闔。

▶ 在固定滑軌、鉸鍊等五金時，一定要留意金屬與板材之間的附著力，且須鎖緊固定五金，避免使用一段時間後，出現鬆脫情況。

▶ 系統板材主要是將木料壓成顆粒後，混入添加物再經高溫壓熱製成，由於其板材特性，本身已無纖維質，因此建議尋求專業師傅安裝，避免出現拆拆裝裝情況，破壞板材結構，影響使用。

圖片提供＿維度空間設計

產地價格

產地	台灣、日本、德國、義大利……等。
價格	以「組」計算，一組約 NT.750 ～ 15,000 元，會依據門片搭配多少個滑軌（上下）、鉸鍊數，價格有所不同。大多會尋求系統廠商、木作工班製作，依據訂製的櫃體尺寸（包含長、寬、高、深度等），連工帶料一併計價（包含板材、五金零件等材料費，再依加工形式、安裝難易度等，計算費用）。

TYPE ❽
巴士門五金

注意事項

▶ 巴士門因具有懸臂五金，才能啟動門板開闔，因此在規劃時，要預留足夠空間讓懸臂五金內退，以能避免衣物、抽屜，在開關門時，被懸臂五金刮傷。

▶ 目前市面上常見的懸臂五金多分為單向（往左邊開啟或是往右邊開啟）、雙向（左右兩邊同時展開）兩種形式，在配置時要依據環境條件選擇適合的開啟方式，再搭配對應的五金，以免安裝後，才發現不符合環境使用情況。

▶ 懸臂五金為特殊形式的五金，建議請專業師傅安裝，並依五金廠商提供的安裝規範組裝，不能憑經驗值或感覺卜鎖，以免影響五金正常運作、密合等問題。

攝影＿＿江建勳
產品、場地提供＿＿寬軼國際有限公司

產地價格

產地	台灣、日本、德國、義大利……等。
價格	以「整組」計價，一組約 NT.4,000 ～ 25,000 元，安裝巴士門五金，通常會尋求系統廠商或木作工班，依據櫃體形式及門片大小、重量，選擇適合的懸臂五金，除了材質費用，還會計算安裝費用，最後連工帶料一併計價。

網籃

注意事項

▶ 網籃多半會搭配滑軌使用，建議可搭配全開式滑軌，便於拿取較內層的衣物、物品。此外，網籃中擺放的內容物不得過重，以免載重超過五金負荷，出現變形情況，若物品過重，也可能使滑軌受力不平均，出現歪斜情況。

▶ 市面上的網籃多屬於規格品，但也有淺層形網籃，購買前須先了解自家櫃體尺寸，避免尺寸、形式、深度不合，反倒使擺放物品呈東倒西歪情況。

▶ 網籃常被用於臥房衣櫃、廚房櫥櫃。但廚房常有水氣與油煙，且在拿取、擺放調味罐或鍋碗瓢盆時，調味罐醬汁可能溢灑出來，鍋碗瓢盆也可能尚未全乾，帶有濕度。因此，建議選用不鏽鋼材質，較不怕水、也不易腐蝕。

產地價格

產地	台灣、日本、德國、義大利……等。
價格	以「個」計算，一個約 NT.1,500 ~ 2,500 元，依據網籃長、寬、高（深度）、材質，價格上有所差異，另還要加入搭配軌道的費用，使用愈多軌道，費用愈高。 須安裝滑軌的網籃，多半會尋求系統廠商、木作工班施作，依據訂製櫃體高度、深度，以及板材厚度，選出適合的五金，連工帶料一併計價。

TYPE ⑩
轉盤

注意事項

▶ 轉盤五金能有效解決畸零空間收納，轉盤有承載限制，選用前要留意，可以承受物品的重量，也建議勿堆放過重或體積過大物品，以免影響轉盤轉動。

▶ 一般來說，轉盤大多為圓形，會分別鎖於櫃體中上、下層板，轉盤上所有的孔洞都要鎖上，一旦少鎖了，轉動時轉盤受力不均，很可能出現鬆脫、受損情況，影響使用。

▶ 此類型轉盤多為規格產品，在選擇使用前，要先了解櫃體的深度，以挑選出轉盤合適的直徑。若出現鬆脫或損壞，不建議自行更換，一旦零件未鎖緊，更易出現鬆脫，連帶影響使用。

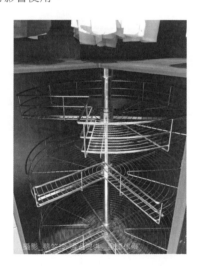

攝影_蔡竺玲（產品提供_吉岱室內傢俱）

產地價格

產地	台灣、日本、德國、義大利……等。
價格	以「組」計算，一組約 NT.3,500 ～ 4,500 元，再依 2 層或 3 層，以及適合的櫃體高度、深度等，價格又會有所不同。安裝轉盤五金，大多會尋求系統廠商、木作工班依據環境、櫃體尺寸（包含長、寬、高、深度等），選出適合的轉盤五金，連工帶料一併計價。

轉角小怪物

注意事項

▶ 轉角小怪物除了五金軌道，還會搭配層板，包含蝴蝶式、花生式等。每家廠商設計的形式有所不同，使用者可依自己順手的收納配件選購。轉角小怪物主要是透過精巧的連動系統，使轉角深處物品轉動至前方。因此，在開闔之間有固定的角度，建議使用時要順著轉角小怪物的角度開關，確保開闔的穩定性。

▶ 轉角收納五金屬「連動式拉籃」設計，內部拉籃轉出時，還須一道轉折流程，才能轉出內部拉籃，軌道屬於非直線型，建議定期潤滑保養，或偶爾清除灰塵，確保軌道清潔，以維護軌道轉動流暢性。

▶ 轉角小怪物五金大多被運用在廚房櫥櫃中，因此須留意廚房裡常有水氣、油煙，偶爾也會遇調味料醬汁等傾倒溢散出來情況，建議選擇耐酸鹼性較好的金屬材質，或更具防水性的不鏽鋼材質。

攝影＿江建勳　產品、場地提供＿賢豐國際有限公司

產地價格

產地	台灣、日本、德國、義大利……等。
價格	以「座」計價，一座約 NT.7,000 ～ 20,000 元，另還會依據連動形式與搭配拉籃數量、是否有緩衝功能、轉角五金材質等，價格有所不同。使用轉角小怪物大多會尋求系統廠商、木作工班依據環境、櫃體尺寸（包含長、寬、高、深度等），選出適合的轉角五金，若拉籃層板要再增加，費用也會隨之增加，最連工帶料一併計價。

TYPE ⑫
升降五金

注意事項

▶ 為了便於拿取櫃體上方物品，市面上販售手動式、電動式的升降五金，透過手拉、電動讓櫃體下降，便於拿取得物品，能避免使用椅凳拿取高物，發生摔倒意外，也適合行動不便者使用。

▶ 此類五金大多搭配寬度 90、120、135 公分等尺寸的吊櫃，且檯面與上櫃底部，須預留安全距離，讓吊櫃下拉時，有足夠的使用空間，因此，建議選用前，確認自家空間是否足夠

▶ 升降五金為扣合板材，運用於吊櫃使用，收納調味料、烹飪器具等，因此建議選擇防水性較佳的不鏽鋼材質。

▶ 若選用電動形式，建議定期保養，以延長使用壽命。若五金損壞，也切勿自行拆解，交由專業人員維修、檢查較適宜。

圖片提供＿竹桓股份有限公司

產地價格

產地	台灣、日本、德國、義大利……等。
價格	以「組」計算，手動式約 NT.6,000 元起，電動式約 NT.20,000 元，依國產與進口有價差，另手動、電動，以及尺寸、類型等亦有價格上的差異。多半系統廠商、木作工班會與廚具公司合作，確定空間大小、吊櫃尺寸後，連工帶料一併計價。

Point 02　**透視櫃體設計**

TYPE ❶

一樣物件多種功能，創造附加價值

使用 ▶ **系統板材**

01　**是門板，也是展示架**

在居大不易的都市中生活，受限於空間大小，透過高機能性的物件，省下空間，增加便利性、也減少空間壓迫感。設計師嘗試在更衣室櫃體，除了吊掛衣物的設計，另也扣合展示機能，讓屋主在挑選衣物的同時，也能順便拿取穿搭配件。

衣櫃的把手，採用半圓弧形的鐵件，搭配木質紋系統板材，展現復古韻味。

衣櫃的門板加入展示功能，可以放置帽子、墨鏡等配件。

圖片提供＿珞石設計

圖片提供＿珞石設計

使用 ▶ **系統板材**

02　是浴櫃，也是愛貓小窩

由於只有一間衛浴，為方便家人使用，因此將原本在廁所裡的洗手面盆結合系統浴櫃，移至浴室外，面盆下方浴櫃不但擁有收納機能外，左邊還多做一個 45 公分 X 30 公分的出入孔，裡面放置貓砂及玩具，作為家中愛貓的小窩，門外放著食物及水杯，貼心貓咪的生活作息，也便於主人清潔整理。

浴櫃採對開門片設計，右門片放置衛浴清潔用品，五金為六分鉸鍊。

左門片則為貓咪小窩，在系統門片開 45 公分 X30 公分的洞孔，並做封邊設計，保護貓咪進出。

圖片提供＿＿天謙設計

03 是和室臥榻，也是收納櫃

以複合式書房設計，滿足屋主的泡茶及閱讀需求，因此在採光較好的窗檯邊，以系統板材架高，設計 90 公分 X 120 公分大臥榻，打造屋主理想中似榻榻米的日式茶室，下方則設計大型收納箱，茶具等收納，則在側邊半矮櫥櫃裡，而另一牆面的收納櫃體，結合活動式書桌，滿足多種機能需求。

收納櫃體結合活動式書桌，可視機能移動使用。

圖片提供＿采金房室內設計

作為隔間牆的雙面櫃，一半給客廳使用，一半提供書房兼日式茶房使用。

用系統板材架高開放式日式茶房空間，下方為收納抽屜。

圖片提供＿采金房室內設計

使用 ▶ **木工系統化**

04　**八人沙發座椅，**
　　也是抽屜、書櫃

在擁有大量且大面積開窗的客廳，為了維持開闊視野，設計巧思將常見的垂直收納櫃體改為橫向收納，設計師將可容納 8 人使用的 L 型沙發椅座下方，設計 8 個抽屜，椅背加入書櫃功能，使收納可以藏於無形，整座沙發不但具有收納，還兼具區隔空間等多重功能。

手工木把手的顏色，也藏有巧思，搭配屋主的沙發椅墊。

椅背延伸柱子，為界定空間之用，背面則是書櫃。

圖片提供＿＿原木工坊

沙發椅下有 8 個大容量抽屜可以收納雜，把雜物隱於無形。

05 架高單人床組，收納空間瞬間 Up ！

新成屋只有三間小房間，且在無法更動格局的情況下，設計師運用系統板材設計多機能兒童房，透過架高及多層次設計，將孩子的睡眠區、玩具收納區、書桌閱讀區及衣物收納區，全都整合規劃入於臥房中，並在進門處，設計一大面穿衣鏡，不但能滿足需求，也具放大空間感。

圖片提供＿＿采金房室內設計

架高約 100 公分高的 3 尺 X6 尺單人床架設計，床下全是收納櫃體。

在衣櫃旁，設置整面穿衣鏡，滿足需求，也能反射放大空間感。

圖片提供＿＿采金房室內設計

床腳設計出 60 公分寬的活動式收納櫃兼樓梯，並加設滾輪，方便挪動。

圖片提供＿宅即變空間微整型

桌底收納櫃區分
內外側，內側規
劃深度 50 公分的
層板櫃，亦可放
小型電器，外側
是 30 公分的書
櫃。

搭配桌面的白榆
木，系統櫃使用
淺木頭色的紋理
相呼應。

使用 ▶ **系統板材**

06　**最大化收納效益，
　　餐桌也是小型書櫃**

這張特別訂製的餐桌擁有多重機
能，以實木桌面搭配系統櫃桌腳，
其中一側的桌腳兼具收納功能，適
合喜歡在餐桌上用電腦、看書的家
庭，可提供最短距離的收納動線，
隨時讓餐桌保持可用餐狀態。

櫃體取代隔間，兼具收納機能

圖片提供＿原木工坊

門片使用網目窗花，除了美觀之外，也具有透氣通風的優點。

使用四種復古把手，如半圓形抽屜把手，增添櫃體的風格與活潑感。

圖片提供＿原木工坊

櫃體使用原木，隔音效果會比夾板好。

使用 ▶ **木工系統化**

01　餐廳臥房雙面櫃，也是隔間牆

餐廳與房間之間，省去砌牆的成本與厚度，利用雙面櫃完成隔間功能，同時也把兩房間的收納機能整合於一體。面向餐廳的一面，依照屋主收納物品的需求，配置不同形式的櫃體，結合鐵窗花、木窗花等異材質；面向房間的一面，主要設計成書櫃，而地櫃部分則沒有收納功能，把深度全讓給餐櫃使用，方便收納大型鍋具雜物。

使用 ▶ **木工系統化**

02 大面 L 型收納櫃體，也能界定客房空間

縮小不常用的客房坪數，以 L 型櫃體界定出客房空間，兩面深度分別為 40、30 公分，符合收納大量桌遊的需求。局部加入不同造型門片與抽屜，木頭漆面以紅色與黑色跳色，使用比較粗獷的做舊處理，在不失功能的條件下，增添設計感。

收納桌遊的櫃體，利用窗花概念，裝飾櫃門，增添整體變化。

玻璃門具有展示與防塵效果，可以收納較珍貴的桌遊。

L 型大面櫃體，出入客房的門板，也整合隱藏在櫃裡。

圖片提供__原木工坊

103

03 隔間作用的系統櫃，也具導流空氣機能

由於客廳空間沒有對外窗，設計師發揮巧思，打算從臥房中導流空氣，保持客廳通風。而在臥房、客廳的隔間，以系統櫃取代隔間牆，且特別在衣櫃後方與側邊，以鏤空、留縫手法，並搭配開放式層架櫃，以交錯方式設計，不但讓主臥與客廳的空氣對流，也能時時保持衣櫃的乾燥性，同時衣櫃門片選用黑玻璃，讓主臥保有隱私。

捨棄太過制式系統櫃設計，化妝檯上的櫃子以木作圓弧造型，增添活潑感。

在開放式櫃後方以交錯設計做縫隙通風外，同時保有空間隱私。

圖片提供＿天涵設計

依序為開放式櫃子、對開式收納櫃、化妝桌椅，以各種系統櫃體滿足收納需求。

使用 ▶ **系統板材**

04 玻璃開放格櫃，
也為區分空間屏風

原本梁下的隔間牆，在裝修時拆除，改以系統櫃作為屏風效果區隔，系統櫃搭配玻璃底板形成的開放格櫃，分界不同空間，同時兼具收納機能與引光作用，保有書房與客廳間的通透感，即使在不同區域的家人們，也能輕易感受到彼此。

櫃體搭配玻璃，弱化量體感，
使空間視覺得以延伸。

圖片提供＿心覺室內設計

圖片提供＿心覺室內設計

無五金把手的門片設計，
讓溝縫成為門片把手，力
求立面的線條美感。

善用畸零處，不浪費空間

01 運用樓梯側面和下方，雙面收納超強大

以櫃體概念建造出樓梯，使用在工廠完成原木的各別櫃格，再到現場合併、鎖上、固定，完成一座結構穩固且具有雙向收納功能的樓梯。由於樓梯寬度有 70 ～ 80 公分，面向客廳部分規劃較淺的收納櫃，典藏書籍與唱片、傢飾小物，另一面轉角則為掀蓋式櫃體，可以用來收納較大物件。

櫃體使用原木板，可以有較好的承重與支撐性。

樓梯使用原木色踏面與綠色扶手，局部跳色增添活潑。

圖片提供＿原木工坊

樓梯的體積較大，櫃體顏色選用低調色彩，避免沈重感。

使用 ▶ **系統板材**

02 樓中樓必經階梯，打造衣櫃、收納櫃

樓梯下方的畸零空間，運用系統櫃為階梯結構，同時兼具收納功能，踏階下方以三座瘦長型的小櫃子組合起來，搭配一座大型深櫃，作為吊掛衣服使用，為維持立面的乾淨，採用拍拍手的五金，讓門片分割線與收納格線條成為造型。

圖片提供__宅即變空間微整型

深櫃採用拍拍手五金，維持立面簡潔。

開放式格櫃劃分上下兩層，提供不同收納用途。

圖片提供__宅即變空間微整型

踏板亦使用系統板材，耐用好清潔不留刮痕。

03　轉折抽屜檯面，
###　　空間不浪費

房間坪數小，透過開放式衣櫃化解衣櫃的壓迫，導入更衣室的作法，集結吊衣架、抽屜與平檯收納方式，下方順應轉角以系統櫃規劃 L 型淺抽，整合床邊櫃、梳妝檯、抽屜與檯面，底部架高可放置活動收納抽屜或鞋架。

床旁的梳妝檯深度 40 公分，平衡收納容量與鏡子的適切距離。

吊衣架下方深度拉到 50 公分深，維持 20 公分的淺抽高度，兼顧吊衣與檯面置物空間。

圖片提供＿宅即變空間微整型

下方架高 20 公分增加檯面使用，可放置活動收納抽屜或鞋架。

將收納深度留給廚房，餐廳的吊櫃以展示性能為主。

內縮吊櫃尺度不佔滿牆面，為空間創造開闊視線，增添生活擺飾功能。

圖片提供__寬象設計

設計開放層架，作為下方電氣設備的延伸置物空間。

使用 ▶ **系統板材**

04　吊櫃轉角設計，增加展示、收納機能

餐廳的展示吊櫃利用廚具吊櫃的背面發展出 L 型轉角設計，下方的電器櫃則延伸中島，兩座不同樣材的系統櫃，創造兩個場域的整體性。與廚櫃相接的吊櫃考量負重，以 12 公分的開放式層架表現，展示功用大於收納。

05 L型衣櫃系統，
衣服再多都能收納

設計者慮及使用者的服飾收納數量、不同季節
變化所需不同的衣物款式；以櫃體、展示架並
陳，櫃體以收納非當季衣物為主，展示用吊掛
衣桿，以當季衣物方便拿取為使用需求考量，
採用鐵件架構轉角處的衣架系統，搭配系統板
製作的層板、抽屜櫃與四格櫃，讓使用空間更
顯開闊與便利。

運用「立柱開戶式衣
架系統」，吊衣桿能
隨著衣物換季調整使
用高度。

圖片提供＿＿

衣架上的每塊層
板與抽屜櫃，不
僅能調高低，還
能更換位置。

即便是作為收納非當季衣
物的櫃體，內裝三格櫃、
鏡子等功能一樣也不少。

TYPE ❹
破解惱人梁柱，收納量激增

使用 ▶ **系統板材**

01　雙梁間嵌入疊櫃，有效利用高處空間

順著大門玄關的軸線，底端媒體櫃成為整合大小梁的端景，刻意將尺度橫跨至兩根梁，整合臨窗開放式格櫃、落地收納櫃，以及落地收納櫃上方的頂高疊櫃，三組櫃體形成穩定的視覺端景，沿窗的橫梁下安排開放格櫃保持通透感，在兩支梁的跨距間置入疊櫃，有效利用高處空間。

在兩支梁的跨距間置入疊櫃，有效利用高處空間。

沿窗的橫梁下安排開放格櫃，維持量體的通透感。

左方鞋櫃與臥榻均包覆窗檯基墩，以門片跟系統板材修飾。

圖片提供＿寬象設計

柱子上規劃三片淺層板，橫向
朝吊櫃延展，不但製造量體的
和諧，也提升空間坪效。

圖片提供＿寬象設計

使用 ▶ **系統板材**

02　順應突兀柱子，
　　加入層板吊櫃滿足機能

臥房兩支垂直梁的下方，以書桌整合床
架的大型量體形成穩定的視覺，解放梁
柱外露的自由，在梁柱交相之處，打造
梁下吊櫃、層板與書桌，提高收納坪
效，因應梁柱深淺規劃出三種收納深
度，展現自由層次的尺度。

床頭上掀櫃整合床
架有 130 公分寬，
可以收納床墊，讓
床架變身成遊戲區。

梁下順應柱子再往
外增加深度，規劃
出書桌、檯面收納。

使用 ▶ **系統板材**

03 梁下櫃搭配電動升降，增添便利性

與床相對的梳妝檯，使用系統櫃搭配電動升降架，隱藏梳妝櫃的瓶瓶罐罐，時時維持視覺清爽也擁有使用上的便利。梳妝檯與衣櫃同在梁下，使用相同的壁布提高立面的一致性，同時又稍微內退，削弱量體的壓迫感。

為追求更高質感，系統櫃的門片裱壁布，增添設計感。

深度 28 公分專為化妝品收納使用，規劃兩種高度提供更彈性的收納用途，也搭配特殊五金與電動升降架，替系統櫃增加便利性能。

圖片提供__宅即變空間微整型

圖片提供__宅即變空間微整型

梳妝桌以系統櫃搭配大理石檯面，提高奢華質感。

113

向外突出 11 公分，預防使用平檯時，撞到上方吊櫃。

吊櫃增設一排帶狀開放櫃，視覺上平衡量體輕重。

圖片提供__寬象設計

順應櫃體外突，補板延伸到牆壁，順勢包覆柱子，降低存在。

使用 ▶ **系統板材**

04 床頭櫃深度對應梁柱，局部包覆壁板延伸視覺感

床頭櫃運用收納櫃填補梁柱，避開格局缺角，也增加收納機能，上方吊櫃的深度切齊梁柱，增加置物便利並弱化量體感，中間挖空形成置物平檯，下方的上掀櫃向外突出 11 公分並補板包覆柱體，降低柱子存在感，兼顧整體視覺與使用機能。

使用 ▶ **系統板材**

05　**頂梁立地櫃，
滿足收納需求**

考量客廳面寬只有 2 米 7，不適合打造電視收納櫃，因而利用側邊梁下空間創造大型收納櫃，白色櫃體與梁同色，試圖創造整體一致的立面視覺，中間挖空創造擺設檯面，也弱化量體的龐大感，局部抬高 20 公分創造層次置入輕盈。

刻意將白色櫃體往玄關方向延展，將客廳腹地往外推進，擴大客廳面積。

中間挖空作檯面使用，亦成為沙發置物空間。

圖片提供＿老即變空間微整型

中段矮櫃抬高 20 公分，局部懸空減輕量體感。

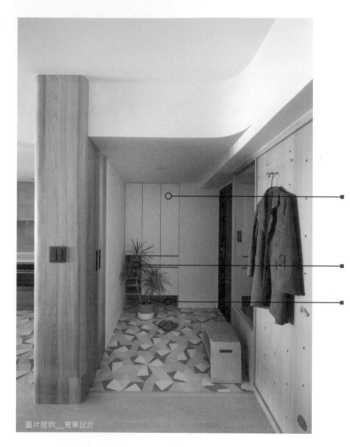

切齊柱子並使用白色板材以及暗取手設計，讓立面視覺感完整。

安排開放的置鞋隔層，讓小朋友學習收納。

刻意抬高櫃體將立面輕量化，預留掃地機器人的出入空間。

圖片提供＿寬象設計

使用 ▶ 系統板材

06 櫃體深度切齊突兀柱子，變身實用機能櫃

在柱與牆之間的空間，規劃鞋櫃，量體切齊柱子、使用白色板材加上暗取手設計整合立面視覺，並抬高櫃體將立面輕量化，以及安排開放的置鞋隔層讓小朋友學習收納，此外利用下方橫線條的分割將視覺壓縮且集中向下，停留在玄關的美麗花磚。

07 以柱子為分界，區分封閉、開放式櫃

被柱子一分為二的左右兩個空間，左側以收納櫃填滿，選擇切齊柱子、維持天花板的橫梁線條，以對應右側的內凹空間，避免太多層次產生立面破碎。左側收納櫃上方使用淺色板材，對應窗戶的明亮日光，收納櫃的溝縫把手延伸到床頭背板，平衡上下兩段的層次空間。

不切齊梁而對應柱子，也是保留足夠寬敞的床邊走道。

在牆的基座上增設收納櫃，高效利用畸零空間。

圖片提供＿寬象設計

圖片提供＿寬象設計

省略五金把手，以暗取手做到上下門片的開啟，維持乾淨的立面整體。

117

量身訂製，滿足特殊物件收納

使用 ▶ 系統板材

01 直立式吸塵器，也能平整收納於櫃體中

屋主非常注重居家環境清潔，習慣使用直立式吸塵器，但又不想要天天從儲藏室中進進出出，才能拿取吸塵器。因此設計師為了便於屋主拿取吸塵器，在餐廳收納櫃中，特別規劃以開放式櫃體，讓吸塵器吊掛於櫃格中。

開放式展示櫃是酒櫃外，結合直立式吸塵器，解決電器收納問題。

串聯餐櫥櫃的 L 型吧檯，下方也做滿收納，放置小型家電。

沙發背牆也有收納，而櫃與櫃的黑灰色接縫除了是隱藏把手外，也延伸至天花設計。

圖片提供＿天涵設計

118

使用 ▶ **系統板材**

02　沖鐵孔門片收納櫃，
　　保持櫃體透氣

多功能綜合收納櫃為保持通風，桶身以系統板材製作，但是在三塊門板設計上，改用鐵網沖孔板，並統一噴上鐵灰色彩，營造出如籐編的視覺效果，同時也與水泥牆面的電視牆相呼應，也帶出黑鐵及木層板開放式陳列架的設計。

鐵件搭配木層板的懸吊設計櫃，輕量化視覺效果。

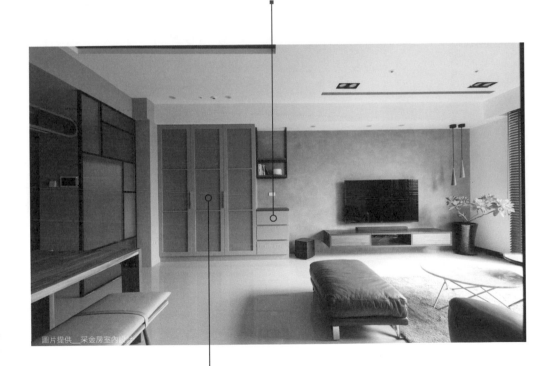

圖片提供＿＿采金房室內設計

多功能綜合收納櫃採系統桶身，但門片採鐵網沖孔噴上灰漆後，仿如編織門片。

以百葉窗的概念，將板材裁
切成片，滿足 DVD 播放器
散熱的需求。

圖片提供＿＿原晨室內設計

在客廳坪數較小的情況下，以淺色仿
木質紋系統板材製作臥榻，並加設抽
屜，提升客廳收納需求。

使用 ▶ **系統板材**

03 **以百葉窗為發想，
滿足電器散熱需求**

因為屋主平常有在家看影片的喜好，需要在客廳區
擺放 DVD 等電器，為了保留客廳採光，設計師在
有限空間下，善用系統板材能順應空間大小、調整
尺寸的特性，在臥榻下方訂製出電器櫃，並特別裁
切一片門板，做成百葉窗造型，擺放 DVD 播放器，
以達到散熱、遙控器感應的需求。

使用 ▶ **木工系統化 + 系統板材**

04　鞋櫃不悶臭，
　　格柵造型門片通透氣

為了滿足屋主的收納需求，大門旁牆面安裝以系統板材為桶身的大型系統櫃，格柵造型門片具有通風特性，用於鞋櫃可避免飄散異味。至於雜物收納與吊掛大衣的外衣櫃，搭配木工系統化的實木門片維持視覺整潔。櫃體採用吊櫃處理，離地 20 ～ 30 公分，可擺放掃地機，也減輕視覺壓力。

圖片提供＿有情門

鞋櫃使用格柵門片，避免飄散異味。

吊櫃離地，可收納掃地機，也減輕視覺壓力。

連結不同機能，增加便利性

01 電視牆櫃延伸至開放式書房，收攏不同空間收納

以建築柱體為中心點，並以鐵件結合系統板材作為懸掛 50 吋液晶電視懸的基板及支撐體，向左右延伸，並搭配各種異材質的運用及鋪陳，兼具機能及美感。特別是電視收納以系統櫃打造，再延伸至轉角的開放式書房，而電視櫃最下層，以清玻璃門板設計，減緩柱體視覺壓迫感。

電視左側以隱藏式設計將木紋系統櫃，滿足電視及視訊器材的收納機能。

以白色結構柱體作為液晶電視主體支撐，搭配鐵件與系統板材作為電視牆面基底。

善用檜木切成積木方塊，組成高低起伏的氛圍牆，營造空間光影層次。

圖片提供＿天謙設計

從玄關鞋櫃一路延展至客廳的系統櫃，也可作為支援客廳各式收納。

以鐵件作為支撐旋轉電視的骨架，再用淺色木紋材質包覆裝飾。

圖片提供＿采金房室內設計

底層採系統板材設計成半開放式機體櫃，滿足收納機能。

使用 ▶ **系統板材**

02 **180 度旋轉電視櫥櫃，滿足客餐廳需求**

為了讓客廳及餐廳都可觀看電視節目，設計一組可旋轉180度的電視屏風，精算電視等承重量後，以餐廳主牆、鐵件，打造支撐電視液晶螢幕的主支架，並用系統材包覆裝飾，底層也運用系統板材設計成半開放式機體櫃，滿足收納機能。

03 書櫃隱藏側拉式鏡子，
梳妝閱讀一次到位

在小孩房空間中，因應需求用系統板材
設計，以書桌為中心，向左、右延展出
兒童所需的床組睡眠區、結合書櫃的衣
櫥區域。值得一提的是，設計者在書櫃
中，設計一面側拉式化妝鏡。另考量棉
被的收納，在床頭設計成與書桌同寬的
箱盒收納，床板下也有抽屜。

利用畸零空間做足收
納，在衣櫥與梁柱間的
空隙中，製做上櫃。

圖片提供＿采金房室內設計

床頭設計大型上掀式收納箱概
念，同時也對齊書桌寬度。

可抽拉又可調整角度的隱藏式
化妝鏡，取代以往不好用的上
掀式鏡面。

常用鞋子的抽
屜式收納櫃，
五金為三節式
分緩衝滑軌。

上方置物櫃，可放
置安全帽、手套或
不常穿的鞋子等。
五金為六分鉸鍊。

圖片提供＿天涵設計

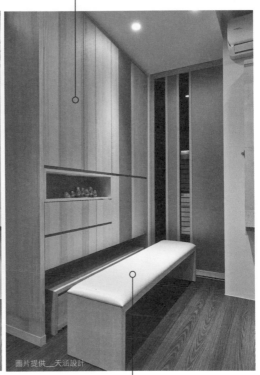

圖片提供＿天涵設計

長凳可以收納到精
心設計的鞋櫃中，
讓公共空間保有留
白的舒適寬敞。

使用 ▶ **系統板材＋傳統木工**

04　鞋櫃隱藏餐椅凳，
　　靈活運用櫃體空間

在有限空間裡，要納入屋主的生活需求外，還要
能滿足朋友來訪用餐的需求。因此利用與餐廳相
臨的系統玄關櫃，在櫃體中嵌入一個可活動的長
凳，視空間的人口需求增減座椅，也讓公共空間
保有舒適動線及留白的舒適寬敞。

05 側拉式鞋櫃，
連結與客廳展示收納

玄關是長長走道，寬度很窄只有一米
無法做鞋櫃，因此在玄關盡頭藏了側
拉櫃，作為鞋櫃使用。側拉櫃整合於
客廳側邊的收納櫃，靠近沙發處以開
放櫃規劃，可擺放書籍與收納置物，
外側則是側拉鞋櫃的面板，亦可作為
家人的回憶展示牆。

鞋櫃從使用角度
出發，側拉方向
正對玄關。

客廳側牆置入兩
種收納櫃，開放
書櫃鄰近沙發處，
更方便使用。

圖片提供＿宅即變空間微整型

圖片提供＿宅即變空間微整型

側拉櫃的面板同樣使用
系統板，簡約分割線創
造出門片櫃的錯覺。

簡約潔白帶有立體木紋的
系統板材，運用復古鑄鐵
把手的五金表現風格。

牆面轉角的L型設計，增加收納機能，也圍框出書房空間。

書桌延續L型矮櫃的系統板材，訂做特殊尺寸，以符合兩坪大的書房使用。

圖片提供＿寬象設計

使用 ▶ **系統板材**

06 **組建ㄇ字型矮櫃書桌，**
　　圍圈自訂場域

窗邊對角的梁下空間，以兩種櫃體區分，上方櫃子順應窗戶的採光，設計開放櫃，梁毋需隱匿，立面依舊輕盈，底端的櫃子以封閉式的門片穩定視覺，L型矮櫃連同系統板材訂製書桌，在開放空間中，框出ㄇ字型的書房空間。

07 整合床頭書桌衣櫃，吊櫃增加實用性

考量坪數大小有限，採取連接不同機能的一體成型概念，以系統板整合床頭櫃、書桌與衣櫃的機能需求。設計者以灰綠色為牆面的基底，不但能彰顯淺色仿水泥紋系統板材門板的質感，同時也於偌大的牆面上，加裝橫長形懸吊櫃體，穿插展示和門片櫃體兩種設計，兼具實用性與變化性。

特別採用的淺色水泥紋板材，是當前相當受歡迎的花色。

以系統板材設計吊櫃，增添實用性、設計變化性。

圖片提供＿丰越室內設計

書桌特別設計延伸進衣櫃部分空間，擴大辦公、閱讀的使用面積。

使用 ▶ **木工系統化 + 傳統木工**

08 **孩童房結合書桌、書櫃，滿足收納需求**

設計師為家中的小男孩呈現活潑的純真氣質，一體成型的櫃體結合書桌、層板、收納櫃與衣櫃，先在工廠裁切完成，再到現場進行組裝與收邊工程。未來孩子長大時，變成青少年風格的房間，不必大費周章的改裝，也不會過於孩子氣。

圖片提供＿艾馬設計

保留足夠寬敞的桌面，搭配水藍色的牆面，令人安靜而放鬆。

窗邊書桌一體成型，書桌、層板、收納櫃與衣櫃功能齊全。

收納、展示，兩種需求一次滿足

使用 ▶ **系統板材**

01 **高 CP 值系統技巧，
融合藝術展示與書櫃**

過往對於系統的印象是簡潔而呆板，其實只要透過門片造型、異材質結合的細節設計，即能使收納櫃更貼近使用者需求。此案以藝術品展示櫃為中心，兩側對稱設計左右延伸，以封閉與開放式櫃體相互穿插，統合書櫃與展示櫃兩種功能。

只要懂得變化，系統櫃也能是很好的藝術品展示空間。

施作系統櫃時，預留貼鏡面與壁燈安裝位置。

圖片提供＿丰越室內設計

無把手的門片設計，讓衣櫃、
收納櫃平面隱藏在空間裡，
隨著把手加工長度與位置的變
化，使整個櫃體線條俐落有型。

圖片提供＿艾夫設計

主臥收納櫃結合書
櫃、展示櫃，展現
超大實力的容量，
亦使櫃體表情語彙
豐富。

使用 ▶ 木工系統化

02　櫃牆概括各式收納，
　　　收攏書籍衣物蒐藏品

結合書房功能在主臥室的空間設定，櫃體
機能整合更多元，除了是收納櫃，也是書
櫃、展示櫃，無把手設計形塑出一道完整
的立面語彙。整面牆完全作為櫃體用途，
並延伸至更衣間的衣櫃，與木地板材質一
致，木質溫潤感使睡眠氛圍更舒適。

使用 ▶ **系統板材＋傳統木工**

03　**以鐵件玻璃展示蒐藏品，**
　　系統櫃滿足收納

自電視牆延伸而來的櫃體設計，結合了系統櫃、木作、鐵件、玻璃與嵌燈，運用多工種打造猶如訂製家具的高質感。鐵件於之中扮演了重要角色，是展示架，亦能用來架高櫃體，皆有助於使櫃體輕盈的視覺感受。

頂部嵌燈與玻璃層板，
使屋主的私人蒐藏有絕
佳視覺展示效果。

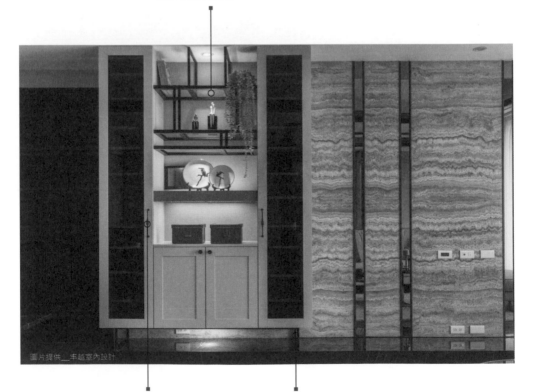

圖片提供＿丰越室內設計

搭配與鐵件同色系、
帶古典線條的五金，
為質感加分。

櫃體門板以白色為主調，
再以鐵件架高櫃體，讓櫃
體有懸空的輕盈感。

Part 02

美感設計

　　近來，生活美學受到重視，愈來愈多人注重居家空間設計，希望自己能住進心中理想風格的家。而形塑居家風格時，裝修上可能會遇到建築結構性、無法變動的天花板、梁柱，這時就須花點巧思，讓天花大梁不影響設計，同時也增添立面美學，以打造充滿設計感的家。

Point 01　**天花板梁柱隱藏秘訣**

TYPE ❶

梁柱銷聲匿跡，毫無察覺

使用 ▶ **系統板材**

01　**梁柱不動，
　　整合於櫃體中**

床尾的橫梁大部分被隱藏包覆於疊櫃之中，因應女主人的梳妝需求，留下三分之一的空間規劃梳妝檯並且部分內退，確保走道動線的順暢。梳妝桌上方的梁刻意裸露不包覆、留白，主要慮及梳妝區空間使用的餘裕，避免壓迫。

衣櫃上方以疊櫃包覆梁，爭取 20 公分的收納坪效。

梳妝區上方的梁裸露在外，減少產生壓迫感。

鏡面正好對應到床，隱藏於淺櫃內門片，另外在鏡面前端安排 10 ～ 12 公分置物小平檯。

圖片提供＿直家設計

133

02 善用曲線表情，
天花降板不壓迫

這是舊屋翻修的透天厝，設計師必須考量原有的結構限制，因主臥高度不算高、橫梁間距又很近的條件下，為了使睡眠區空間寬敞舒適，以天花包覆梁體，而不必為了維持高度而裸露出大梁。雖然空間高度被壓縮，設計師利用天花飾以橢圓線條，與木地板、木作床頭，柔和的設計元素平衡了空間壓迫感。

犧牲橫梁的高度，以爭取睡眠空間最大化，天花包覆梁體，平整的空間感看起來截然不同。

臥房形似環抱式的ㄇ字型，與書房區形成一道隔屏，也因此利用天花橢圓線條形式營造舒眠區氛圍。

圖片提供＿艾馬設計

使用 ▶ **系統板材 + 傳統木工**

03　系統板與木工聯手，隱藏大柱於電視牆後

系統板材與木作聯手，讓人感覺不到大柱的存在。設計師以木作工法製作具有內凹的半圓弧度的電視牆，再以淺色木質紋系統板材作為層架，不僅完美隱藏柱子，也具有展示機能，更增添電視牆流動、線條感；右側的系統收納櫃，門板也選用白色，與木作電視牆搭配。

以傳統木工工法，製作半圓弧度的電視牆，將柱子藏匿於後方。

電視牆以系統板材為層板，滿足客廳展示需求。

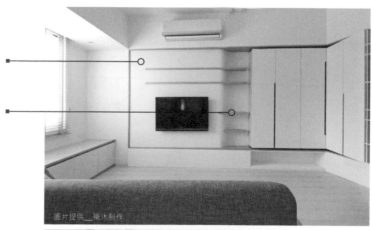

圖片提供＿樂沐制作

封閉式收納櫃，以系統板材打造，白色門片與電視牆呼應。

圖片提供＿樂沐制作

虛化、修飾梁柱，降低存在感

使用 ▶ **木工系統化**

01 **六角形蜂巢模組，
修飾結構、隱藏管線**

因應整體建築斜屋頂結構，為修飾天花樓板的高低差，及空調、燈具、出風孔等管線牽引問題，精算天花板尺寸，以木工系統化製作的六角形蜂巢造型模組，包覆、隱藏不同機體及管線，並交錯色彩、不同高低起伏，增添天花板的立體感，也讓空間注入活潑童趣。

透過六角造型天花
串聯隱藏管線及空
調等機組設備。

利用高低起伏的六角造
型天花設計來修飾斜屋
頂樓板的高低差。

圖片提供＿大湖森林室內設計

透過山型起伏的木色系統板材修飾掉空調風管及電線管路，異材質之間的脫溝設計增添細膩手法。

運用造型天花修飾原本突出於衣櫃外面的梁柱，衣櫃門片用鏡面材質反射空間感。

圖片提供＿＿天睿設計

使用 ▶ 系統板材＋傳統木工

02　以波折線條，
**　　平緩梁與天花落差**

因主臥梁柱已被衣櫃包覆一大半，但為平緩梁與天花的差距，運用不同材質的系統板材及木作天花，製作一座如山形的轉折造型天花板，能修飾天花的落差外，也將原本的風管及管路、燈具等，一併包覆其中，並在白色及木色中，營造出主臥天花的律動感。

03 天花與門板同色，
營造深邃感

由於臥房的天花不高，因此先用白色木作將
天花梁柱及管線包覆後，再利用與門片同色
同紋路的木質板材修飾天花板邊條，營造天
花板深邃感。同時考量空間有限情況下，衣
櫃用兩扇拉門設計搭配鏡面，不但可以兼具
穿衣鏡機能，也有放大空間感效果。

運用與門片同色的木
紋系統板材，裝飾天
花板邊條，拉高天花
板視覺效果。

圖片提供＿采金房室內設計

系統衣櫃運用拉門設計，並以一
扇門片，製做穿衣鏡，鏡面也可
反射放大空間感。

TYPE ❸

造型天花，打造風格屬性

天花板鎖固使用碳鋼螺絲，牢固更好。

燈具電線出孔位置事先預留，並套上防火耐熱的線管。

圖片提供＿原木工坊

使用 ▶ 木工系統化

04 **魚骨意象天花板，營造大片明亮感**

希望保有空間的採光與明亮感，但又想要加入木質的溫潤感，設計師利用刷白木板來裝修天花，滿足屋主的兩個願望。採用特殊工法處理的天花板，透過精準丈量對位骨料與板料，木板先在工廠完成裁切、染色、上漆處理，最後現場施工拼接，快速完成組裝。

139

頂樓天花板使用原木材料，具有良好隔熱效果。

原木材料在工廠事先預鑄，同時事先預留燈具電線出孔位置。

天花板設計斜頂式架構，成功營造小木屋感。

圖片提供＿原木工坊

02 斜頂式天花板，打造小木屋氛圍

針對樓高約 3.8 ～ 4 米的挑高空間，利用斜頂式天花板的下降手法，以及樹枝狀的造型梁設計，從下方樓層也能欣賞如此美麗造型，創造出如置身在森林木屋的想像。色彩上，呼應空間整體色調，選用深淺兩色對比，透過視覺變化避免大面積沈重色彩的壓迫感。

使用 ▶ **系統板材＋木工系統化**

03　**雲朵造型，
　　為兒童房添樂趣**

在以藍色為主色調的兒童房裡，利用在工廠切割預作的雲朵造型修飾天花板，現場施工時，固定雲朵至天花，並嵌入燈具，再搭配壁面的懸掛式造型書架，以及利用木紋系統板材，設計出擁有三角形屋頂的造型收納櫃體，在藍、白及原木色彩勾勒下，創造空間裡的童趣。

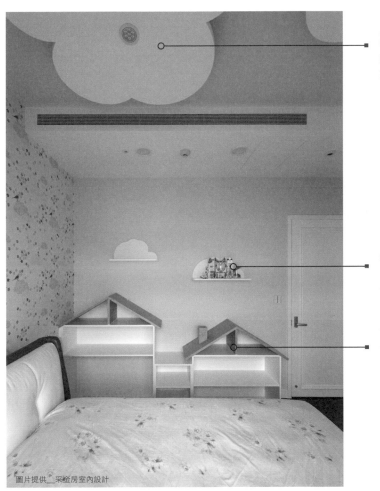

圖片提供＿采荃房室內設計

用木工系統化設計白色雲朵造型天花，並設置燈具，讓天花板變成藍天白雲，注入童趣氣息。

將切割好的雲朵置物架，固定於水藍色牆上，呼應造型天花設計。

運用系統板材設計一組擁有木色屋頂的白色收納櫃，營造童趣感。

04 格柵造型天花，
　　界定玄關客廳

客廳與玄關使用模組系統板，在鞋櫃後方牆面、電視牆鋪設 2 道具有立體感的木質牆，修飾樓梯存在感，以維持電視牆視覺的完整性。再利用系統模組化格柵天花板，界定客廳與玄關，鞋櫃也是系統櫃處理，懸空下方可收納常穿的室內拖鞋。

格柵天花板界定
內外空間，也是
模組系統建材。

客廳與玄關前
後 2 道 模 組 系
統板修飾梯間。

系統模組的貼地平
檯，以不佔空間手
法，定義出主視覺。

圖片提供＿有情門

Point 02　**立面造型、風格**

TYPE **①**

立面乾淨清爽，展示美學設計

鏡面比例雖然最小，卻
有畫龍點睛、延伸視覺
加大空間的效果。

小比例的加入大理石紋
路板材，降低冰冷感，
提升氛圍質感。

圖片提供＿禾逸室內設計

使用 ▶ **系統板材**

01　**玩味面材紋路，
　　展現豐富層次感**

應用、組合奶茶色與大理石紋兩種系統板材，藉由不同
寬窄比例的搭配，再加入細長鏡面，透過混搭異材質，
成功營造臥室背牆豐富的層次與現代感。而有關於不同
寬、窄比例的搭配，設計師建議，首要了解使用者的年
齡層與喜好，如果是年長者使用的臥室，建議採用較規
則的分割方式，鋪陳出空間成熟的韻味。

02 揉合木、石紋板材，散發清新俐落風貌

系統板材擁有多種紋路，設計師靈活運用不同樣式系統板材，打造出簡約、俐落風貌。餐廳、書房整體空間，天花板的大梁以木質系統板材取代木作，立面選用仿石紋系統板材為背牆，層板則以鐵件製作，再搭配高低錯落的造型吊燈，烘托出偽混材的清新效果。

天花板大梁，以木質系統板材製作，與書櫃呼應，展現溫潤感。

餐廳立面以仿石紋系統板材打造，搭配造型吊燈、鐵件層板，交織出簡約風。

圖片提供＿＿新澄設計

書櫃以木質系統板材打造，同時滿足展示、收納機能。

144

使用 ▶ 木工系統化 ＋ 傳統木工

03 **不鏽鋼面板俐落時尚，
自然採光變化多**

由於屋主本身從事鋼鐵相關行業，設計師大膽嘗試使用不鏽鋼面板，為電視櫃量身訂做表情語彙；加上這是長型屋，又是舊式空間，面寬不夠，因此將公領域收納空間整合在電視櫃，利用不鏽鋼板的光線折射，增加自然採光的變化性。

圖片提供＿艾馬設計

在整面不鏽鋼材下方增設木作矮櫃，與地面做出區隔和層次。

電視櫃使用毛絲面不鏽鋼，化解傳統木櫃沈重的壓迫感，且利用不鏽鋼材質折射，不僅為長型屋挹注採光，因不會反光，看電視時，眼睛也很舒服。

04 同寬幅板材，
完美隱藏櫃體門片線條

在設計餐廳中島牆面時，計算實木尺寸，預先在工廠裁切成不同寬幅大小，至現場組裝時，以拼接手法，將牆面拼貼成凹凸有致的立面，同時也以不同寬幅木條，區隔使用機能。設計者以較細的木條，作為進出私領域空間的門片、櫥物櫃體，而寬板交錯的牆面，則為流理檯及餐櫥收納機能，形塑出不同視覺效果及觸感氛圍。

中島實木桌板下方，以焦化木塊堆疊出桌腳，營造倒吊懸空的視覺感。

細條木作牆面，為進出私領域空間的門片及櫥物櫃體。

寬板交錯的牆面，為流理檯及餐櫥收納機能。

圖片提供＿大湖森林室內設計

圖片提供＿丰越室內設計

書櫃層板因長度限
制和支撐考量，以
木作方式進行。

簡單運用兩塊不同的
板材，就能圍塑出臥
房的內斂舒適。

使用 ▶ **系統板材＋傳統木工**

05 **內斂的休憩環境，
床頭、牆面線條呼應**

臥室以貼近使用者個性為設計訴求，以純粹質樸的深色
系統板材為基調，輔以深灰色穿插淺灰區塊，完美營造
安定、無壓的靜謐氛圍。在機能使用方面，為增加臥室
收納機能，設計者於書桌上方加裝兩塊白色層板，以滿
足使用者收納需求，但考量設計美感、載重與長度問題，
層板以傳統木工施作方式。

為了維持牆面完整性，刻意將餐廳電燈開關移至窗邊，並將通道燈光開關，整合至廚房區域。

提前計算木板尺寸，從地板開始推疊至壁面頂端，交錯出如山形起伏造型，增添空間層次感。

圖片提供＿大湖森林室內設計

使用 ▶ 木工系統化

06 壁面山型起伏，
營造編織堆疊感

餐廳主牆藉由一塊塊灰色木板，並以如山形立體的造型，透過交錯、堆疊的設計方式，增添牆面的層次感，如同一根根粗木條，編織於牆面上，成功營造空間韻律、波動感，牆面造型也延伸至走道門邊、廚房入口處，讓整體空間風格更為一致。

TYPE ❷
木質語彙，散發溫潤柔和

使用 ▶ **木工系統化**

01 門板與櫃體風格一致，立面造型整齊劃一

衣櫃與門片結合的一體成型立面，在主臥區隔出獨立的走入式更衣間，大大增加衣物收納量。考量到取物的迴旋空間，三座衣櫃皆採用對開門片，由於衣櫃門與房門的尺寸不同，考量到整體的協調性，整體採用單一色調，但加入交叉、百葉、抽屜增添視覺變化。

櫃體整合門片，把走入式更衣間隱藏起來，空間更完整。

櫃體下方為多格抽屜櫃，可以收納細軟衣物。

圖片提供＿原木工坊

櫃門特別設計百葉窗型式，以保持衣櫃透氣。

圖片提供＿原木工坊

圖片提供＿采金房室內設計

運用木工系統化設計的木紋床頭板，營造空間細膩的層次感及溫暖氛圍。

在板材的包覆下，使得燈具及插座、開關的管線得以隱藏。

使用 ▶ 木工系統化

02 木條床頭板，營造細膩層次感

以灰色冷調的主臥，為了多點暖調及細膩感，因此運用在工廠即完成切割的實木木條，組裝成床頭腰板，再塗上漆面。而透過木條一凹一凸的起伏感，營造質感外，同時也將床頭燈具及插座、開關等管線隱藏其中。

使用 ▶ **木工系統化**

03　拼接凹凸木條，
　　統一壁面門片視覺

為使視覺統一化，從玄關、客廳至餐廳牆面一路延伸至走道牆面，設計為凹凸紋路的木質板材，以木工系統化方式將門片隱藏，也增添溫暖氛圍。因應屋主有閱讀需求，在餐廳靠近窗檯處規劃一彈性書房，並與餐廳之間運用活動式玻璃折門區隔，以視空間需求調整使用。

擁有凹凸紋路的木紋板材，以木工系統化方式，統一壁面視覺。

呼應餐廳與書房的彈性空間應用，在壁面處設計一活動式玻璃折門區隔。

圖片提供＿采金房室內設計

櫃體無把手設
計，讓整體空
間線條更俐落。

考量客廳尺度，以系統板材
規劃深度 30 公分的電視牆薄
櫃，並以層板延續電視牆。

圖片提供＿宅即變空間微整型

整體高度 160 公
分，底下懸空 30
公分，為空間創造
輕盈美感。

04 仿木紋層板、門板，
勾勒出簡約內斂線條

由於客廳深度不到 3 米，適合設計薄
櫃，天地留白只以系統板材設計出懸吊
式的櫃體層板，整合雜物收納、書櫃、
媒體櫃與電視牆。機具線路的凹槽對應
橫向層板的線性比例，創造清新和諧的
牆面視覺。

使用 ▶ **木工系統化 + 傳統木工**

05　**拉門天花調性一致，**
　　木質感營造溫潤柔和

為使長型格局的空間既開放、又獨立，從客廳延伸
至中島區，走過長廊來到餐廳時，中島區特意加入
木作天花板，與木作拉門形成一道立面連續性，為
滿室全白石材的地面與高低錯落的白色天花板之
間，注入一絲溫潤感，讓人有一處轉換心情的場域。

餐桌上的古銅金吊燈與
木作材質色彩相呼應。

中島區界於客廳與餐廳
之間，利用木質天花板
作為場域的轉換表現。

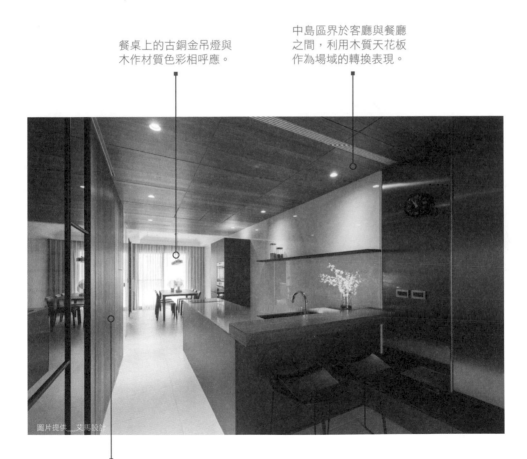

圖片提供__艾馬設計

從木作天花板延伸下來
的木作立面，在滿室白
色石材地面的空間裡，
給予一道溫潤的過場。

系統模組施工的砌木
牆，具有立體視覺效果。

圖片提供＿有情門

考量訊號接收，視聽櫃
使用格柵門片，也添櫃
體造型變化性。

貼地平檯也是系統模組，可
以界定與電視牆的安全距
離，也作為展示平檯。

使用 ▶ 木工系統化 ＋ 系統板材

06　浮雕拼接實木，
　　勾勒出木質語彙

客廳電視牆使用系統模組實木牆為主視覺，配合同
樣是模組化的貼地平檯，搭建出居家自然風格的底
蘊。平檯可自由展示收藏或美型電器，左側吊櫃結
合收納與電器櫃，格柵門片具有穿透性，不阻擋設
備訊號，大型櫃體採用吊掛離地方式設計，視覺輕
盈化，減輕量體的壓迫感。

TYPE ❸

活用色系搭配，設計更有型

使用 ▶ **系統板材 + 傳統木工**

07 **大膽玩色，夢幻粉紅
繃布搭配灰色系統板材**

粉紅色夢幻場景，是藏在許多人心中的小秘密，
傾聽屋主的期待，設計師大玩色彩，打造一面能
帶來能輕柔放鬆的休憩牆面。以傳統木工打底
板，創造多個長形造型粉紅色繃布的床頭背板，
與淡粉色圓點壁紙之間，特別選用灰色系統板
材，作為視覺緩和的過度區塊，降低整體牆面的
色彩度，再以透明質感的蝴蝶壁燈，增添牆面的
夢幻、精緻感。

灰色板材區塊，恰
到好處地扮演降低
視覺彩度的作用。

木作打底再以布料包
覆海綿，打造客製化
夢幻床頭造型。

圖片提供　丰越室內設計

01　多色拼接設計，打造有型不佔空間床頭牆

在工廠預先拼接的床頭板，利用不同木料的顏色、厚薄，交疊出具有層次變化的床頭牆，不只修飾了橫梁的突兀感，也營造出房間有型又不佔空間的風格牆。丈量牆面尺寸時，設計師考量照明、開關燈、活動矮櫃的位置，也一併整合所有功能。

施工不用角料，改用底板釘掛較節省空間，完成厚度大約 3~5 公分。

圖片提供／原木工坊

牆面寬度計算納入床與活動櫃尺寸，擺放起來的視覺效果恰到好處。

施作床頭牆時，預留出線孔，結合照明與開關功能。

以系統板的木紋款式
為臥室空間注入自然
溫和的沉靜韻味。

牆面以木作加油漆打造，
透過莫蘭迪灰色，呈現低
彩度的溫和雋永。

圖片提供＿卓越室內設計

使用 ▶ 系統板材＋傳統木工

03　搭配莫蘭迪灰，
　　　低彩度展現溫柔雋永

這是一間能瞬間令人心境沉澱的臥室，設計師巧妙應用
系統板材與木作兩種工法，跳脫制式框架，揉合系統板
材木質的舒適感，以及木作莫蘭迪灰為基底的牆面，再
加上凸出的不規則線條，圍塑出細膩柔緻的餘韻與視覺
變化。這樣的臥室風格，即便一年 365 天中，只用白色
寢具，臥房空間也依舊俐落、大方。

兩種以上的板材拼貼，施作
時相當講求尺寸精準度。

圖片提供＿＿丰越室內設計

底層實體背牆刷黑色油
漆，貼板材時留出溝縫
位置就能創造線條。

使用 ▶ 系統板材

**04 運用深淺顏色對話，
沉穩又不失律動感**

透過牆面與收納櫃體的色系搭配，運用沉穩的深、
淺色木質花紋系統板材，定調出空間主要氛圍，活
用板材所營造的橫直線、寬窄不同的比例，展現小
孩房活潑的律動氣息；而一旁的櫃體，選用白色門
片，讓臥房有明亮放大的加乘效果，在機能上，櫃
體兼容展示、封閉式收納，使得整體空間具設計美
感、耐看又具實用功能。

TYPE ❹

結合異材質，豐富立面表情

使用 ▶ 木工系統化

01 玻璃與窗花變化，
打造東方質氣屏風牆

偏好東方人文風格的屋主，提出空間設計可以結合現有傢具的要求，而設計師在客廳與書房的隔間，採用木工系統化設計了五道門片，鑲嵌東方風情的圖騰窗花以及水紋玻璃，並在這一道融合「屏風」概念的牆，局部加上黑色與紅色，與空間現有元素產生呼應。

圖片提供＿原木工坊

以木質打造的窗花，鋪陳出東方風韻，呼應空間風格。

屏風的木框局部加入深色木料，增加層次變化。

門片鑲嵌水紋玻璃，視覺上保留隱私感，同時光線又可通透。

02 仿布紋板材佐鏡子，
營造雅致氛圍輕裝修

以往要在立面運用布料，必須先請木工打板、布行裁布再進行繃布，層層工項不但用料成本較高，也會拉長施工時程，且使用者實際入住後，真實的布料在使用上，較不易維護。若想要擁有布紋柔性的視覺感，現今利用仿布紋板材就能發揮同樣的視覺設計效果，且使用上相對好清理、保養，設計上，再搭配不同區塊大小的鏡面交錯排列，即能營造出舒適、雅致的底蘊。

圖片提供＿＿丰越室內設計

木作先依據設計圖釘框，再油漆做出立面的黑色框線。

挑選與餐桌椅色系、質感相近的仿布紋系統板，完美展現一體性。

以系統板材包覆冰箱，利
用背板空間規劃鐵架，置
物、展示增添風格。

圖片提供＿＿禾覺室內設計

順應牆面規劃 L
型轉角櫃，檯面
上規劃插座亦可
作為電器櫃使用。

餐櫥櫃兼具電器與
料理檯面，搭配大
理石檯面提高耐用
度與質感。

使用 ▶ 系統板材

03　牆面混搭木質櫃、鐵件，
　　　展現內斂粗獷的格調

延續木地板的木質語彙，餐廳櫥櫃選用木紋肌理的
系統板材，牆面與背板上均置入鐵件層架，櫥櫃順
著牆面轉折連貫至餐廚之間的中島櫃，畫出 L 型的
場域分界。櫃體則結合系統板，設計出展示書架與
瓶罐置物架，呼應另一側鐵網酒櫃的率性風格。

04 木板拼花磚，廚房壁面零泥作大變身

此座廚具最特別在於不只是櫃體採用木工系統化設計，就連中段的壁面，也是在工廠預製，再到現場組裝完成。以往廚具設計考量到易於清潔，中段通常使用玻璃處理，卻難以融入設計。此區塊改為工廠預製的木拼花與花磚板，現場只需要釘掛上牆，再加上透明玻璃裱蓋，無須任何泥作施工，同樣可以達到美觀與實用功能。

門片鑲嵌白色窗花，具有透氣功能，營造明亮北歐風格。

圖片提供＿原木工坊

電鍋收納加入抽盤式五金，避免水蒸氣凝積在櫃裡，也方便裝盛裝米飯。

中島設計為四面櫃，加強收納機能。

圓形藝術品區塊，為了與廚房淺藍色拉門呼應，上、下分別用深藍與灰色壁紙表現。

此處為廚房拉門設計，混搭異材質，以鋁框、系統板材、鏡面為組合。

圖片提供◎手以設計室內設計

廚房隔間牆為木作噴漆，以搭配廚房拉門灰淺藍色系統板材。

使用 ▶ **系統板材＋傳統木工**

05　系統板結合鋁框、鏡面，簡約又實用

餐廳是一家人共桌好食、親友歡聚的重要場域。在壁紙、系統板材、木作三種工法交織下，鋪陳出各種藍色質地的面貌，形塑寧靜美好。其中，以鋁框搭配系統板材、鏡面組合製作的拉門，在設計風格表現之餘，亦不失實用性。

06 仿石紋板加入局部木質，
融合冷冽、溫潤感

屋主在有限的預算下，期望家中仍有氣派、高
貴感。因此，設計師選用仿石紋系統板材為主
牆面，利用模組化的貼地平檯，搭配矮型電視
櫃，將客廳音響設備、播放機，完美收納、展示，
天花板、梁柱，也配合整體設計，局部加入木
質造型與燈光，投射出主牆的舞台效果。

圖片提供＿有情門

系統上下吊櫃，中段放置
咖啡機等，成為支援客廳
與餐桌的茶水櫃。

利用模組化的貼地平檯，
整合電視櫃與音響。

TYPE ❺

美感機能兼具，鋪陳滿室美學

同色調木料的 V
字形拼接，活潑
卻不突兀。

頂板稍微突出，增
加置物小平台。

窗邊臥榻也是系統
化木工訂製，現場
定位即完成。

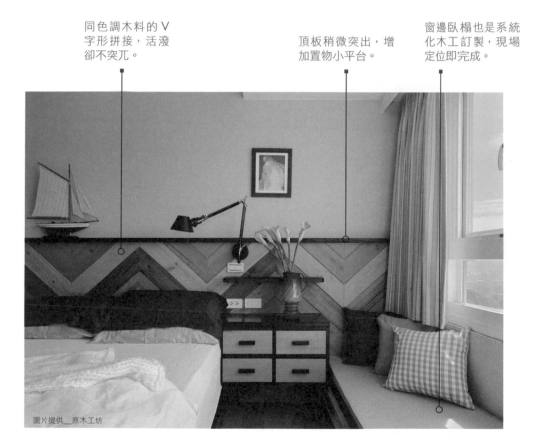

圖片提供＿原木工坊

使用 ▶ 木工系統化

01　**V 字型床板，
　　整合於櫃、燈、層板**

床頭板為工廠預先完成的兩大塊拼接板組成，尺寸
上可以方便電梯運送，現場施工也相當便利。設計
上，使用同色調下染出深淺色差的木料，拼成活潑
卻不過於花俏的 V 字形，加上層板、邊櫃、燈具的
一體化設計，打造出符合屋主期待的臥室氛圍。

02 花磚壁龕自成妝點，
營造趣味鄉村風

從電視櫃、鞋櫃、主牆到天花板，完
全使用系統化手法施作，電視櫃的不
對稱手法，電視牆刻意不做滿，以及
鑲嵌花磚的壁龕，為整體帶入了活潑
感，避免太過裝潢的感覺。此外，天
花板的木梁設計與高櫃的造型門片，
以及窗戶的泥作磚牆，都是帶入鄉村
風格的重點元素。

鞋櫃門片加入窗花，
增添鄉村韻味，又可
透氣、防臭。

以花磚結合壁
龕，不擺物件也
自成妝點。

電視牆展現木質
溫潤感，也隱藏
電視線材、設備。

使用 ▶ **系統板材**

03　**黑色電視牆，**
　　簡約時尚又耐髒

電視牆使用系統板材，取其耐刮好清理的特性，延續整體空間的黑灰基調，並選擇黑色木紋的板材，對應對向的白色櫃體，營造出深邃有層次的空間。由於屋主的影音設備不多，順著牆面延伸出高度5公分的底座，亦兼具設備展示功能。

黑色牆面縮小板材接合的縫隙線條，放大整體立面的視覺張力。

在右下角置入一組白色抽屜櫃，收納零星小物，維持整體的簡約調性。

圖片提供＿＿默覺室內設計

刻意讓電視牆的面板超出沙發，往門口方向延伸，放大客廳視覺尺度。

圖片提供＿＿默覺室內設計

167

Part 03

精選個案 In the Space x 5

挑選 5 個系統化裝修的實際案例，有些與傳統木工聯手，靈活運用不同工法，讓系統裝修不再只有單一機能，也不再只是方正、呆板系統櫃，而是能激升空間設計感的重要角色，打造出心中理想的舒適宅。

使用 ▶ 系統板材＋傳統木工

Case 01

統合不同工法色系，讓風格氛圍更加到位

比較傳統木工與系統板材工法價格、工期：				
比較項目	傳統木工		系統板材	
	價錢	施工天數	價錢	施工天數
客廳電視牆＋電器櫃	+ 5%	5	1	1
廚房餐廚櫃	+15%	5	1	1
主臥衣櫃	+ 7%	4	1	1
主臥床板	+ 7%	4	1	1
主臥梳妝檯	+ 7%	4	1	1
主臥浴室暗門	+ 7%	4	1	1
男孩房書櫃書桌	+20%	2	1	1
女孩房書櫃書桌	+20%	2	1	1
書房書櫃書桌＋臥榻	+20%	2	1	1
總計工期 （工地現場施作天數）	20		7	

註：本表格以系統板材費用為基數「1」，比較採用傳統木工價格的漲幅比例。
實際價格將依市場時令、地區、選定材料等，而有所不同。

Home Data

坪數：57 坪
格局：客廳、餐廳、廚房、主臥、小孩房、書房、衛浴
材質：系統板材、木紋磚、塗料

　　由於男女主人的風格喜好大不同，經重新梳理後，漢玥室內裝修設計有限公司總監蔡明宏以北歐鄉村定調整體空間，其嘗試以系統板材結合木工方式形塑風格元素，同時也留心於色系與五金的應用，連帶提升了設計質感。

　　蔡明宏解釋，男主人偏好簡約大器風格，女主人喜好歐式鄉村調性，如何明確定義出核心調性變得重要。經重新整理後，最終以北歐鄉村作為定調，一來帶有鄉村風格的元素，二來線條也相對不繁複，平衡了彼此需求也讓家的輪廓更為清晰。定義出風格後，緊接在後便是設計的呈現。蔡明宏談到，設計的處理方式有很多種，無論木工、系統板材各有其優勢在，此案

以兩者結合方式表述空間，木工補強了塑型的部分，系統板材則發揮其省工特點，平衡運用於空間各處並結合細膩處理工法，讓風格更加到位。

留心於五金運用與色系整合，質感瞬間 Up ！

公領域延續原格局配置，在開放式客廳與廚房、中島吧檯區之間，利用木作設計出造型拱門做區域的分野，巧妙地修飾之間的梁柱，再者也讓生活動線更為流暢；視線再往上走，為呼應拱門元素，另在天花處規劃了一圓弧造型，設計相互對應也使公領域更具焦點。開放式廚房與中島吧檯的櫃體主要以系統板材構成，特別之處在於面板上搭配了進口的五金把手，以金屬材質添增空間亮點與細節；另一處細節則是拱門與整個櫃體在色系上的統合，客製化方式讓系統板材與木工皆以同一種色號的塗料來進行噴塗，讓美感、質感更加一致。

私領域延續北歐調性，同樣是運用系統板材將櫃體、層架、書桌等機能整合在一起，以常見的白色、木質調作為鋪陳，視覺兼顧了設計美感也增添層次。面板把手的細節處理上，除了運用斜角製造隱形把手讓整體更俐落之餘，另也嘗試加入實木圓型的把手，增添些許童趣感。

設計解析

質感／電視牆面以木工方式將仿大理石紋板材貼覆於電視牆面，藉由質地引出質感。

設計／電視牆下半部採取懸空形式，讓櫃體宛如飄浮般，增添輕盈的感受。

立面／利用鐵件分割出展示架，不同比例的層格切割設計，讓客廳更添沉穩且洗鍊的感受。

機能／設計前盤點好所需設備，在規劃時一併置入，善用空間每一處也讓使用更全面。

五金／設計者特別在廚房、中島吧檯的門片上，選用進口的五金把手，香檳金色成功替櫃體增添亮點。

設計／在天花處以木作貼覆木皮方式規劃出圓弧造型，使公領域更具焦點，同時也呼應風格中的拱門元素。

設計／從餐廚區系統櫃延伸出的色系運用，一路串聯至客廳區，讓整體色彩表現更一致性。

造型／設計者特別在門片上選用了實木圓型的門把，引出些許的童趣。

機能／依據需求將機能收攏在一起，讓櫃體到書桌、展示櫃的設計感更具一致。

質感／櫃體以經典木質語彙搭配白與淺藍色構成，增添生活環境的舒適感。

設計／書桌上方處同樣利用系統板材規劃出深度為 30 公分的懸吊櫃，既可展示蒐藏也可收納小物。

機能／以系統板材製作出深度達 60 公分的書桌，刻意選擇較薄的板材（厚度約 6 分），達到宛如木工精緻的效果。

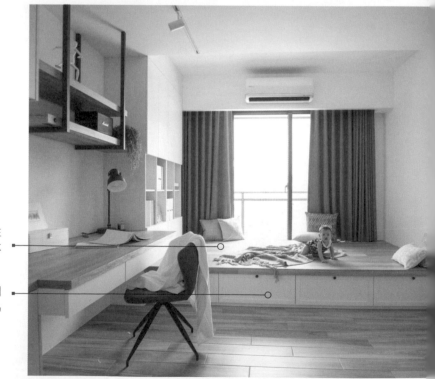

設計／考量臥榻的使用性與承載性，設計者選以木作方式來做規劃。

機能／臥榻下方空間規劃足夠的抽屜設計，可作為收納、置物之用。

設計╱設計者沿牆面將系統板與木作的靈活與機能性發揮到最大，好讓使用性能更為多元。

機能╱沿牆創造出兩對稱的櫃體，中央設置書桌與懸吊層架，最後則在靠近窗景處則建構了臥榻。

使用 ▶ **系統板材**

造型鐵件 × 系統板材，小坪數也能有夢幻空中書廊

比較傳統木工與系統板材工法價格、工期：		
比較項目	**傳統木工**	**系統板材**
玄關鞋櫃 + 電器櫃	約 60,000 元	約 50,000 元
冰箱吊櫃	約 7,000 ～ 8,000 元	約 6,000 元
書櫃	約 60,000 元	約 50,000 元
主臥床頭櫃（不含木紋轉角衣櫃）	約 70,000 元	約 56,000 元
轉角櫃	約 50,000 元	約 42,000 元
總計	**約 248,000 元**	**約 204,000 元**
工期	**約 30 天**	**約 18 天**（下單約2周、施工約 4 天）

註：實際價格將依市場時令、地區、選定材料等，而有所不同。

Home Data

坪數：11 坪
格局：客廳、餐廳、廚房、臥室、書房、衛浴
材質：鐵件、玻璃、超耐磨木地板、系統傢具

　　僅有 11 坪的小宅，原本的格局侷促且窄小，難以負荷屋主大量的藏書與生活用品，拾隅空間設計利用挑高優勢重新分配格局，並藉由系統櫃整合機能打造出具有空中書廊的明亮北歐宅。

　　以往我們認為呆板、沒有創意的系統傢具，多半使用在臥房衣櫃、廚房櫃體等家中不顯眼之處，曾幾何時隨著技術的進步，系統傢具造型不僅多樣化，板材也能透過與木工的結合展現客製化精神，廣泛地應用在我們居家生活之中。拾隅空間設計設計師劉玉婷認為：「系統傢具特別適合功能型簡約居家使用，透過多層板、多五金的設計收整生活用品並達到放大視覺的效果。」像是這間僅有 11 坪的小宅，為夫妻兩人居住，有著大量藏書與物品的他們，由原本 30 幾坪的住家搬到小坪數的空間中，如何妥善安置且不顯得狹隘，其實並不簡單，劉玉婷利用挑高優勢重新分配格局，並善用系統書牆收納所有書籍，成功打造室內的一處端景。

重整格局善用系統板材收納，小宅機能一應俱全

　　入口處原本十分狹窄且沒有玄關，透過廚具及廁所的調整，讓空間多了舒適的玄關區。而原本靠近陽台的廚具往側邊挪動，利用背牆深度為沙發後方做出展示平檯，於此閱讀時還能作為邊几利用。之前建商附的半套衛浴，洗手台在外側並不方便使用，透過拆除廁所一半隔間牆，將兩者合而為一，而打斜的入口以折門開闔，爭取最大的使用空間。有著良好採光的室內，則利用鐵件玻璃隔屏作為隔間，讓陽光能肆意灑落在每個角落。書牆與睡眠區規劃於同一立面，擁有 3 米 4 的高度，成就了空中書廊的夢想，愛看書的女主人在此蒐藏著各式各樣的書籍。由於空間的限制，以階梯和爬梯的方式結合，意外的促成了畫面的層次與活力，更透過走道的寬度減少睡床的壓迫感，且增加下方收納櫃的深度。這些櫃體全是系統傢具的完美展演，在跨距、門片以及顏色的變化下，令機能一應俱全。

設計解析

質感／白色板材與鐵件欄杆同色
異材質交錯，搭配不規則的樓梯
設計顯得生動有趣。

質感／廚櫃門片選以木紋
系列為主，藉由其表面的
色澤、紋理，增添小環境
的溫潤感。

機能／廚房區緊鄰客廳，
為避免油煙溢出至沙發
區，特別在櫃體中加道門
片防護。

設計／入口玄關部分設置
座椅高度的收納櫃，一來
外出用鞋獲得收放，也能
兼作為穿鞋椅。

天花板／2樓的書櫃同樣選擇白色系統櫃體，即使頂天也不顯得壓迫。

立面／因屋主喜愛淺色系與北歐風，便將整體空間以淺色木紋與白色帶出明亮感受。

設計／面對小坪數空間，設計者應用系統設備、傢具等，環境雖小但機能卻很充足。

機能／最左側的系統櫃，上方作為電器櫃使用，下方抽屜則能收納進出小物。

設計／設計者特別在靠近床頭板的展示櫃中，做了深淺色系的搭配，為櫃體增添設計變化。

質感／衣櫃門片選擇淺色木紋，除了與廚具、餐桌相呼應之外，也為睡眠帶來溫柔氣息。

機能／複層設計所衍生出的走道寬度，不僅減少床舖的壓迫感，亦增添下方收納櫃的深度。

質感／白色與藍色板材交互運用，替櫃體帶來不一樣的視覺變化。

設計／善用系統書牆收納所有書籍之餘也成功打造室內的一處端景。

Case 03　　　　使用 ▶ **系統板材**

善用建材特性，
系統板材還能是抗「蟻」英雄！

比較傳統木工與系統板材工法價格、工期：		
比較項目	傳統木工	系統板材
玄關矮櫃	約 32,000 元	約 25,000 元
電視高櫃	約 20,000 元	約 15,000 元
主臥房推拉門衣櫃	約 96,000 元	約 81,000 元
主臥房五斗櫃	約 72,000 元	約 58,000 元
小孩房衣櫃層板 *1	約 32,500 元	約 20,000 元
小孩房衣櫃抽屜 *1	約 21,000 元	約 15,000 元
總計	約 273,500 元	約 214,000 元
工期	約 35 天（木工＋油漆現場施工）	約 19~24 天（工廠備料約 15 ～ 20 天、現場施工約 4 天）

註：五金為進口 BLUM、緩衝台製滑軌、木工面貼木皮、桶身波麗、傳統保護漆。
實際價格將依市場時令、地區、選定材料等，而有所不同。

Home Data

坪數：36 坪
格局：三房兩廳
材質：系統櫃、磁磚、鐵件

　　圖片提供_莫耳設計

　　40 年以上的長型老屋，有著典型動線不良、採光昏暗等問題，還有幾乎塌陷天花板的白蟻侵蝕，莫耳設計透過以建材改善白蟻並調整迂迴格局，破除原本空間零碎昏暗的侷促感，同時釐清使用需求，打造出凝聚家人情感的溫馨居家。

　　由於近年來系統櫃走向客製化，木工也走向系統化，兩者有逐漸融合的趨勢，但各自還是有各自的優勢，木工可以任意變換造型，系統櫃則能在整體與預算之間為消費者取得較佳的

平衡。莫耳設計設計師李宜楨認為:「會在空間使用系統櫃,主要是沒有需要太多造型,多以功能為取向下,便會做這樣的選擇。」而在這間 40 坪的老屋,系統板材更是有木工難以取代之處,原來是這間深受白蟻困擾的老房子,在進入整修之前天花板已經部分塌陷、搬開冰箱後方整面都被白蟻侵蝕,難以居住。莫耳設計在使用建材時避免白蟻最容易啃食的實木、木芯板等材料,而選擇由木料碎片、刨花經過壓合而成的防潮塑合板組成的系統櫃,以及鐵件、磁磚等作為空間的主材料,並重新調整格局,破除原先空間的狹隘感,搭配 Loft 風的美化改造,成功讓居家空間煥然一新。

調整不良動線、格局,恢復家人情感距離

這間長型老屋,有著 3、40 年前老公寓常見的格局,客廳與廚房、餐廳分別在前後兩端,使用動線顯得零碎而有距離,中間設置的臥房也容易因為光線不易穿透而顯得陰暗。透過將格局重新調整,開放式手法將客餐廳及廚房合併在空間進門的右半部,讓家人於公共場域交流更密集;而左半邊則是私領域臥房空間,經由這樣的分配,每間臥房都能有對外窗解決中段暗房的問題。也因為身為老屋住宅群,有白蟻侵襲的困擾,建材以塑料角材、矽酸鈣板、美耐板、鐵件等架構而成,加上裸露天花,恰巧正是屋主喜愛的工業元素,因此空間順勢以大面積的黑、灰、白色為主調,並透過叢林綠隔屏以及中島的鐵道磚讓視覺有所焦點,而中島上方的彩色吊燈更是達到畫龍點睛的效果。經由設計師的妥善規劃與巧用系統板材,白蟻已經 3 年沒有找上門,家人的感情也更為凝聚。

設計解析

機能／將冰箱與電器櫃的機能整合，使用上更方便、動線也更為流暢。

質感／臥房門面也特別與櫃體的門板顏色接近，讓空間色調呈現一致性的美感。

設計／設計師將原本舊家的不鏽鋼廚具重新利用，透過深木色系統門板讓整體煥然一新。

質感／為了在系統櫃體之間製造視覺變化，特別在料理檯牆面處貼上花磚，展現不一樣的味道。

機能／櫃體與中島吧檯、餐桌留一定距離，讓使用者有足夠的緩衝地帶轉身拿取物品或開啟冰箱等。

設計／作為放置電器使用的層格以開放形式為主，提供屋主擺放水波爐、氣炸鍋、咖啡機等小型電器之用。

機能／吊掛區也做了不同尺度的規劃，較長的區域可用來吊掛長大衣。

質感／白色鐵件與淺木色系統門板結合，延伸公共空間的 Loft 風調性。

機能／櫃體規劃中不刻意做太多層櫃設計，可依需求搭配收納盒，讓使用更具彈性。

設計／小孩臥房內的衣櫃透過系統客製化，
與精密的計算將鐵件與系統板材做搭配。

機能／保留櫃體的上層空間，讓換季棉被
物品也有自己的收納區域。

立面／考量空間
坪數關係，衣櫃
不再加設門片，
方便拿取也徹底
發揮坪數效益。

設計／為維持電視牆面的乾淨，將櫃體配置於右側，既不影響使用性，又能將機能收得漂亮。

機能／自櫃體處運用層板延伸至牆面，擴充額外收納，同時又能充分運用上層空間。

質感／門片結合無把手、倒角設計，開啟時順手，又不影響櫃體立面的美觀性。

設計／以系統板材作為櫃體材質，成功避免白蟻最愛侵蝕的木作櫃體。

造型／櫃體下方的懸空設計，一掃笨重感受，讓整體看起更為輕盈。

五金／櫃體以拉門為主軸，使用上不用擔心影響入口走道或卡床舖，收起時也能保持櫃體門片的一致性。

設計／櫃體的深度都維持在人體手臂可取範圍內，無論吊掛、平放都很好拿取。

機能／下方空間可依需求改置放收納箱或行李箱，讓收納方式變得更多元。

清水模大宅院，木作溫潤整個家

比較傳統木工與木工系統化工法價格、工期：		
比較項目	傳統木工	木工系統化
各臥室衣櫃	1	-18%
書房書櫃	1	-4%
玄關鞋櫃	1	-1%
客廳書櫃	1	-1%
廚房櫥櫃	1	-1%
百分比	1	-25%
工期	90 天	60 天

註：本表格以傳統木工製作物件價格為基數 1，對比木工系統化費用增減比例。實際價格將依市場時令、地區、選定材料等，而有所不同。

Home Data

坪數：224 坪
格局：客廳、主臥房、次臥房、書房、衛浴、視聽室、桌球室、撞球室、花園
材質：鋼刷木皮、大理石、磁磚、清水模、鍍鈦板

這個 224 坪現代風透天別墅豪宅，屋主為三姐弟，為了實現三個家庭 6 大 6 小與年邁母親同住心願，艾馬設計總監王惠婷建議，量身訂做以符合屋主需求，也因此從購買土地、建築外觀到室內設計皆參與其中，釐清所有空間需求，免於建築歸建築、設計歸設計的窘境，也為屋主省下兩倍造價費用。

既然要養老，就要有舒適的空間，雖不會像是在海邊的別墅，但可以營造自己想要的花園，王惠婷賦予這個家定義一個「歸」的意涵，以全白建築搭配綠意，打造偏日式的休閒風，化繁為簡而不奢華，簡單而耐看。從建築外觀來看，彷彿多個方盒子堆疊，不對外開窗的牆，於中央內縮，並利用木紋格柵圍塑出穿透感，增進室內外的空氣流動。

以「連結」為核心的設計語彙，交流互動無所不在

而建築外觀創意的設計構想，立基於艾馬設計擁有系統化製作的工廠，得以讓設計師勇於嘗試挑戰創意，外觀大膽混用異材質，使用大面積的大理石、木格柵，其中的木格柵為提前在工廠完成裁切、預作的構件，到工地現場只須安裝、固定，讓施工期間快速許多。另外，客廳中的收納櫃、茶几也為木工系統化製造，天花板、電視牆製作過程中，仍需要在現場才能施作，因此以傳統木工法裝修。

再仔細觀察，整體空間以清水模牆、不規則紋理的地磚紋理、10 呎長的賽麗石中島，呈現灰階層次，再點綴溫潤實木、白色漆材和燈光調和色感溫度，並分界場域。而落地大窗、撞球拉門、漂浮樓梯和木格柵，則拉出通透感，讓內外聲息相通。

空間的設計語彙，緊扣著「連結」、人與人情感的交流，公領域的客廳、餐廳、廚房全部開放，木作設計從進入客廳開啟序曲，挑高空間在一條形似腰帶的木框圍塑下，為冰冷的清水模慢慢注入家的溫度，木格柵消弭偌大的客廳空洞感，同時進門不見灶，還能兼顧風格，且與餐廳區木作立面相呼應。

設計解析

機能／作為這棟建築正面唯一的開窗面，木格柵既能保留隱私與安全感，亦使建築正面表現更有層次。

機能／木工系統化所製作的木格柵藏有巧思，風吹來有導流效果，對於面向北方的房間，能阻擋一些風量，不會直接吹進房。

機能／形似腰帶的木框圍塑，一方面可作為上下空間的區隔，仰視時也能給予隱私、安全感。

質感／挑高的客廳，以清水模為主視覺，設計中再利用系統化做出來的木框，點綴空間材質的轉換，增加空間溫潤感。

造型／借重木工師傅技術，先在工廠裁切六根實木拼接，搭配鐵件組合成茶几，取代一般傳統柚木茶几的居家風格，設計時尚不老氣。

機能／專屬於屋主常備的茶餅收納區，也是客廳唯一的收納櫃，以系統化的方式施作，延續木質腰帶的材質轉換連結性。

機能／沙發邊几特別規劃配置飲水，並崁上 IH 感應爐，把泡茶區和客廳結合在一起。

機能／木格柵把客廳和餐廳做出小部分區隔，既可保持穿透感，又能界定空間場域。

天花板／在白色天花裡面增加木板層次，加上
黑色燈具線條，營造出輕工業風的美式風格。

設計／中島檯面與客廳電視前的板材為同一塊
胡桃實木，在工廠事先裁切再到現場定位，透
過木紋相似性，創造空間中的連結性。

機能／為因應大家庭需求，輕食區系統櫥櫃除了容納電器設備，還有內嵌冰箱的空間。

天花板／在工廠切割完成的木板，從壁面延伸到天花板，跳脫白色語彙之後，往後延伸至層架，透過材質與客廳腰帶、木格柵相呼應。

機能／廚房與輕食區透過一道木作玻璃拉門隔開，讓空間成為獨立的用餐區，也能當作年輕人的聚會包廂。

設計／天花板採用深黑色，並延伸至電視櫃，融合 3C 與喇叭設置，讓人可以舒服地把視覺焦點放在電視上。

設計／電視牆下方的實木特意作為妝點，與木地板形成層次感，也是黑色與木紋著墨的搭配。

立面／屬於私領域的視聽室，不規則排列板材手法裝飾牆面，與天花線條多了華麗的演繹，並將色彩表情著重在軟件上。

Case 05　使用 ▶ **木工系統化＋系統板材**

模組傢具佐局部實木，打造自然歇心宅

比較傳統木工與木工系統化＋系統板材價格、工期：		
比較項目	傳統木工	木工系統化＋系統板材
玄關鞋櫃	約 72,900 元	約 54,000 元
客廳電器櫃	約 79,650 元	約 59,000 元
電視牆	約 82,350 元	約 61,000 元
主臥衣櫃	約 141,750 元	約 105,000 元
主臥床架	約 40,500 元	約 30,000 元
小孩房衣櫃	約 64,800 元	約 48,000 元
小孩房書桌	約 8,775 元	約 6,500 元
和室書櫃	約 18,900 元	約 14,000 元
總計	**約 509,625 元**	**約 377,500 元**
工期	**約 14 天**	**模組化系統物件安裝 5 天**

註：實際價格會依市場時令、區域、選材等事項，會影響報價。工期只比較模組化物件裝修時間，未含設計、簽約等程序時間。

Home Data

坪數：33 坪
格局：3 房 2 廳 2 衛
材質：乳膠漆、模組系統、木皮板、森林牆、壁紙

　圖片提供_有情門

　　長年旅居國外的屋主，買下這戶 10 多年的中古宅，期待
透過有情門輕裝修規劃服務、預鑄工法，卸除不盡理想的原始
裝潢，延伸品牌溫文儒雅的東方人文質氣，完成一處令人可以
享靜、歇心、再出發的新居。

從屋主的休閒生活思考，保留公共空間的開放度，利用木工量身訂製的榻榻米區域，界定出客廳與品茶間，保持大面窗景的視野完整度，走在空間任何角落都可欣賞窗外風景。客廳部分，水平仰臥伸展的視聽櫃，背襯由數種不同深淺厚薄梣木板組成的系統造型「森林牆」，木板皆是在工廠事先預鑄，到裝修現場直接施作於牆面，牆面在簡約木質的自然色調中，散發淺淺草蓆香氣，架構出寧靜悠遠的居家氛圍。

另外，屋主請其他業者拆除舊廚房，重新配置的系統廚具，改以工作檯面充足的 L 形設計，加上結合餐桌功能的中島吧檯，於親友拜訪小聚時，可結合榻榻米區，使用上更有彈性。

從塑合板到實木貼皮，打造沐浴森林氣息

由於屋主希望以間接照明取代直接照明，在樓高與橫梁的限制之下，臥室取消門框，直接以頂到天花的 2.4 米大門片，解除空間高度上的壓迫感，並且門板貼合有情門出品的木皮，進而把屋主喜愛的自然木色延伸至床頭板，以及風格、色調相呼應的寢具、書桌、邊櫃等，使內外風格無縫銜接。

初步檢測屋況後，設計師發現原屋隔間為早期白磚牆，必須拆除防水與發霉情況嚴重的隔間，於是捨去主臥室更衣室空間，將釋放出來的多餘空間，改為加大主臥衛浴，使其有完整的乾濕分離與浴缸設計；至於衣物收納，則用一整面頂天立地的系統傢具打造，櫃體桶身採用預鑄的塑合板，門片為實木貼片，搭配實木把手，以滿足男女主人的收納需求。

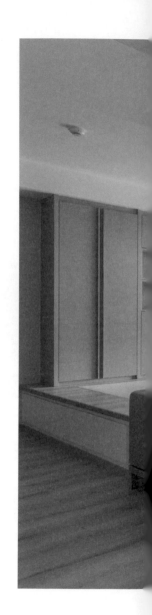

設計解析

質感／不規則的立體視覺感，來自多片不同規格木料組成，增添自然質感，也掩去接縫。

立面／特殊「森林牆」木工系統模組，可依照空間與設計延伸主題牆。

質感／塑合板加上人造白橡貼
面，檯面選用堅實的梣木實木，
宛如側身而臥的巨木。

造型／水平伸展的矮櫃，
特意放低的高度，以舒緩
空間壓迫感。

設計／櫃體為模組化
系統產製，天花板與
櫃頂的縫隙用板料補
滿，不堆積灰塵，視
覺也更完整。

機能／社區弱電系統，
也整合於模組化櫃體
中。

造型／高櫃、地櫃、吊櫃組成大面收納。

機能／中間改為層板櫃，作為展示使用。

機能／架高區用木工處理。木地板嵌入觸感細緻的進口榻榻米，下方設計四個抽屜，可以收納大量雜物。

設計／簡單俐落的一字型桌「一字懸桌」，把畸零角落化為書桌、工作檯、化妝桌。

機能／臥房的系統衣櫃，抽屜櫃以外露的方式呈現，拿取更方便。

設計／廚房重整時，屋主另請其他業者重新配置成吊櫃、下方櫃子，並以 L 型系統廚具加中島吧檯，符合多人彈性使用。

五金／廚具搭配鋁質隱藏把手，面板視覺更簡約。

設計／系統衣櫃獨特的實木門片，立體造型勾勒出質感。

五金／鈕扣狀的衣櫃門把五金，小巧可愛不突兀。

質感／門片捨去門框，貼合與系統櫃相同的木皮，色調自然一致。

專業諮詢群

大湖森林室內設計
02-2633-2700
https://www.lakeforest-design.com/

有情門
請洽各門市
https://www.twucm.com/

工一設計
02-2709-1000
https://oneworkdesign.com.tw/

竹桓股份有限公司
0800-218-258
www.cleanup.com.tw

中崧經貿有限公司
03-4906-580
https://vork.com.tw/

艾馬室內裝修設計
07-7150-888
https://www.emadesign.com.tw/

丰越設計
0931-283-121
http://www.fydesign.com.tw/

伸保木業
04-2630-8785
http://www.shenbao.com.tw

今硯室內裝修設計工程
02-2783-6128
imagism28@yahoo.com.tw

協進傢具五金製造廠
04-2562-6606
www.xhiehchin.com

天涵設計
02-2754-0100
skydesign101.com

采金房設計團隊
02-2536-2256
http://www.maraliving.com/

宅即變室內裝修有限公司
02-2546-0808
https://jai-design.com/

拾隅空間設計
02-2523-0880
https://www.theangle.com.tw/

原木工坊
02-2914-0400
http://www.wood-house.com.tw/

維度空間設計
07-231-6633
www.did.com.tw

原晨室內設計
02-8522-2712
http://yc-id.com/

寬象空間室內裝修有限公司
02-2631-2267
https://widedesign001.com/

珞石室內裝修有限公司
02-2500-6833
hello@loqstudio.com

樂沐制作空間設計
02-2732-8665
https://www.themoo.com.tw/

祥新木業
02-2689-5080
https://www.top-999.com/index.asp

默覺室內設計
0937-532-855
mojodesignstudio20151025@gmail.com

莫耳室內裝修設計有限公司
02-2712-0011
https://www.mooredesign.com.tw/

新澄設計
04-2652-7900
www.newrxid.com

華奕國際實業有限公司
02-2706-6055
https://www.mexin.com.tw/

寶豐國際有限公司
02-8970-0615
www.geosic.com.tw

漢玥室內裝修設計有限公司
04-2452-9277
https://hanyue-interior.com/

國家圖書館出版品預行編目 (CIP) 資料

比系統傢具更厲害的系統化裝修：省時、設計感、
機能，通通一次到位！/ 漂亮家居編輯部作. -- 初版
. -- 臺北市：城邦文化事業股份有限公司麥浩斯出版
：英屬蓋曼群島商家庭傳媒股份有限公司城邦分公司
發行，2021.02　面；　公分. -- (Solution；128)
ISBN 978-986-408-657-3(平裝)
1. 室內設計 2. 施工管理
441.52　　110001361

Solution Book 128

比系統傢具更厲害的系統化裝修：
省時、設計感、機能，通通一次到位！

作者	漂亮家居編輯部
責任編輯	賴彥竹
文字採訪	劉繼珩、陳婷芳、李佳芳、陳佩宜、柯霈婕、李寶怡、張景威、Acme
封面設計	nina
美術設計	莊佳芳、nina、Sophia
編輯助理	黃以琳
活動企劃	嚴惠璘

發行人	何飛鵬
總經理	李淑霞
社長	林孟葦
總編輯	張麗寶
副總編輯	楊宜倩
叢書主編	許嘉芬

出版	城邦文化事業股份有限公司 麥浩斯出版
E-mail	cs@myhomelife.com.tw
地址	104 台北市中山區民生東路二段 141 號 8 樓
電話	02-2500-7578
發行	英屬蓋曼群島商家庭傳媒股份有限公司城邦分公司
地址	104 台北市中山區民生東路二段 141 號 2 樓
讀者服務專線	0800-020-299（週一至週五上午 09:30 ～ 12:00；下午 13:30 ～ 17:00）
讀者服務傳真	02-2517-0999
讀者服務信箱	cs@cite.com.tw
劃撥帳號	1983-3516
劃撥戶名	英屬蓋曼群島商家庭傳媒股份有限公司城邦分公司

總經銷	聯合發行股份有限公司
地址	新北市新店區寶橋路 235 巷 6 弄 6 號 2 樓
電話	02-2917-8022
傳真	02-2915-6275
香港發行	城邦（香港）出版集團有限公司
地址	香港灣仔駱克道 193 號東超商業中心 1 樓
電話	852-2508-6231
傳真	852-2578-9337
新馬發行	城邦（新馬）出版集團 Cite（M）Sdn. Bhd.（458372 U）
地址	41, Jalan Radin Anum, Bandar Baru Sri Petaling, 57000 Kuala Lumpur, Malaysia.
電話	603-9056-3833
傳真	603-9057-6622

製版印刷	凱林彩印事業股份有限公司
版 次	2021 年 2 月初版一刷
定 價	新台幣 450 元

Printed in Taiwan